U0126389

紀念 利瑪竇 徐光啟 漢譯《幾何原本》400週年

1607–2007

原載《牛頓雜誌》

科學家的智慧

圖說中國科技史名人事蹟

謝敏聰 撰文·攝影

北台灣科學技術學院副教授

台灣學生書局印行

宋序
科學家的智慧改變了世界

謝敏聰君這三十年來孜孜不倦於研究與著作，不僅讀萬卷書，也行萬里路，不論是沈括、蒯祥、李時珍、徐光啟、梁思成等人走過的足跡他都去考察、拍照過。對於影視史學的努力與熱誠數十年如一日，其創作從《中華歷史圖鑑》（聯經出版事業公司，1978）、幻燈片、視聽教材到歷史教育錄影帶、光碟等研發，蔚為大觀，令人讚賞。近幾年更將歷史旅遊、科技史與攝影結合，並曾在新竹清華大學開歷史旅遊與科技史之攝影展。此書的撰寫更是將科學家的智慧融入此科技史名人事蹟中，而足以啟發學子。

1600 年利瑪竇與徐光啟的會面是東西文明的大事。利瑪竇來華後與士人的來往，開啟了 17-18 世紀中西方文化的交流，簡單地說是歐洲人從中國輸入儒家「人文精神」，中國人則認識了包含「科學技術」在內的基督教文明。

「正德、利用、厚生」為中國文化的經濟科學思想。中國古代的科技文明曾經傲視世界，舉世聞名的造紙術、印刷術、指南針、火藥四大發明更是促進了整個人類文明的進步。但是 16、17 世紀起，西方知識革命、工業革命等相繼發展，科學與產業結合，科技文明突飛猛進，中國漸漸落後了西方，歐美的科技與軍備武器結合成強大的帝國主義，其威力橫掃世界，東西方的文化競賽差距越來越遠，科技文明成了全世界現代化重要的里程碑，現代的年輕人都知道牛頓、伽利略、達文西、居禮夫人等科學家的故事；藝術家達文西同時對探索自然的奧妙與人類的心靈有無比的熱情，從天文、物理、植物、醫學解剖到水利、武器、建築都有留下紀錄，是集合多項天才的全才菁英，他死前說：「一日充實，可以安睡 ；一生充實，可以無憾！」達文西的天才與成就不知羨煞多少青年。

但很多人不知道中國的科學家也多是跨多種領域的全才，同時更是操守清廉、仁民愛物的偉大政治家。

宋代士人面對內憂外患的時局，把學術探索與社會民生結合起來，力圖在社會改革中展現經世致用之學。不僅「士以天下為已任」，「格物致知」、「窮理盡性」，探索事物的本源，也成為當時社會的新風尚，因此蘇頌、沈括等都能整合多領域的專長來為民謀福祉，他們也是對自然科學與人文社會領域同時有貢獻的全才。

蘇頌為官 50 幾年，以蒼生為念，非常愛護百姓。《宋史·蘇頌傳》稱他精通「經史、九流、百家之說，至於圖緯、律呂、星官、算法、山經、本草，無所不通，尤明典故」。蘇頌對科技研究十分投注，不論天文觀測、儀器製作或繪圖都務求嚴謹完善，具實事求是的精神；而「器局閎遠，不與人校短長，以禮法自持。雖貴，奉養如寒士」。展現他「道德博聞，立朝一節，終始不虧」（朱子語）。

沈括博學善文，對天文、方志、律曆、音樂、醫藥，都有見解，他務實求真的科學精神，使他革除司天監原有蒙混欺瞞的弊病。他出使遼國，達成不辱使命的外交任務；同時他也是文學家，留下許多詩文。 而明代李時珍、徐光啟也是在科學與人文領域皆有卓越的成就。

在科舉時代，士人皆求功名利祿，李時珍卻淡泊功名，不與一般御醫隨波逐流，不滿當時藥草書籍的疏失，乃集合家人、學生窮畢生精力，花了 27 年完成《本草綱目》，實現其救人濟世的愛心、研究醫藥的恆心與毅力，更顯示其經世濟民的理想。

中國科學家這種廣博的求知慾、仁民愛物的理念、探索科技專業的抱負與先知遠見，值得我們學習。利瑪竇認為翻譯《幾何原本》太難了，曾勸徐光啟放棄，徐光啟說「一物不知，儒者之恥」，不畏艱難，終於完成「字字精金美玉」（梁啟超語）之譯作。

古代中國科學家重視「厚生利用」，達文西說：「人是一切的準則」，而「心」正是人的根本。「科技始終來自於人性」不應只是一句受歡迎的廣告詞，一切科技的價值，應建築在人性的關懷之上。

100 多年前，全世界都還沒有發電機、沒有電燈，也沒有馬達，1821 年法拉第開始研究電流與磁鐵的相互作用，終於發現馬達的原理，確立現在製造馬達的基礎。1831 年由於法拉第持續的研究，因而製作出人類第一台的發電機。法拉第放棄任何金錢的報酬，把這一項發明公諸於世，造福世人。

1879 年愛迪生發明了電燈。他卓越的成就並非僥倖，而是他百折不撓、勇於嘗試、敢於創新的成果。他做了 1600 多次耐熱材料和 600 多種植物纖維的實驗，才製造出第一個竹碳燈絲的燈泡。法拉第和愛迪生許多的發明不僅改變了世界，開啟了嶄新的時代，也為世人帶來許多生活的便利。

他們都是自學、勤學，奮發上進的青年。法拉第小學畢業後為了謀生在裝訂廠工作 7 年，讀了廠裡各種裝訂的書籍，自修了許多知識。他曾在日記中寫道：「我看見人生有苦難，有重擔，我知道人性有邪惡，有欺凌，但是到後來這些都對我有益處，苦難竟是化了裝的祝福。」科學家的智慧改變了他們的人生，也改變了世界。

謹在謝君出版本書之際，聊綴數語，以為之賀。

宋肅懿　謹識

2007 年 12 月

自序

中國史書有極其豐富的科技史料，只是中國明代以後因特殊的環境，如重科舉，輕技藝，凡與科舉無關的皆被視為下品，清雍正、乾隆、嘉慶、道光 4 朝更實行鎖國政策，與西方 16～18 世紀以來知識革命伴隨工業革命的先進科技發展，當時清廷與西方國家的科學技術有嚴重的落差，迨鴉片戰爭與英法聯軍，清廷戰敗後，始識西洋的「船堅炮利」，因而有了仿效西方科技的「洋務運動」，提醒了清廷以科學救國。因而中國古代一向被認為是科學不發達，但是李約瑟博士指出：「人們總以為科學是西方的專利，與中國毫無關係，實在大錯特錯，……我此生最大的用心，就是還給中國科學一個公道。」（見王家鳳：《我不是漢學家！——專訪李約瑟》），李約瑟博士發現中國古代和中古時代是科學的全盛時期，那時中國出了相當多的偉大的科學先驅。」在其巨著《中國的科學與文明》一書中的第 1 卷，李博士用 26 個英文字母一連列舉了中國傳到西方的 26 項技術發明。在全書中，李博士指出中國的古代的發明近 250 項。

英國作家坦普爾（Robert Temple）也指出：「中國是發明與發現的國度」，英國的哲學家培根曾經滿懷欣喜地說：「世界上沒有任何其他發明可以和中國四大發明媲美。」

《牛頓雜誌》一向以提倡科學普及教育為宗旨，以精美的圖片，配上淺顯易懂的文字描述，介紹推廣科學史人物及古今科技知識的發展與發明。

本人有幸有 8 篇闡述中國科學家的專文在《牛頓雜誌》的〈人物科學史〉專欄中登出。這 8 篇專文，主要介紹 10 多位科學家，而內容亦多兼及當代的人與事，事實上就是當代的科學技術史，如〈蘇頌〉一文提及水運儀象臺的發明，周日嚴與韓公廉亦功不可沒，而蘇頌也曾對王安石的「新法」提出不少改進建議；〈沈括〉一文提及《夢溪筆談》記載許多正史不見記載的科學家、工匠、作坊主及其他記載，幸虧有這些記載，才使一些科學家事跡不致淹沒無聞，如傑出的建築匠師喻皓、發明膠泥活字版的平民畢昇。

出版圖文並茂的書籍，一向是本人出書的特色，尤其 1988 年台灣開放到大陸探親後，所有歷史地點的照片，儘可能親臨實地拍攝，如蘇頌、沈括出使契丹，文中所附的遼史故地永安山、中京均在今內蒙古赤峰市境，另也參觀北京郭守敬紀念館、蘄州李時珍紀念館、同安蘇頌科技館，而古人研究學問形象的圖片與抽象的文字並重，中國古代的科學典籍亦大多附有豐富的圖像資料，如蘇頌的《本草圖經》與《新儀象法要》、李誡的《營造法式》、李時珍的《本草綱目》、徐光啟的《農政全書》，……均為實例，與本人做學問的方法有相似之處。

而〈營建明清宮廷建築的科技家們〉、〈愛新覺羅・玄燁、愛新覺羅・弘曆〉、〈梁思成與林徽音〉三文曾收入 2005 年 10 月出版的《中國歷史旅遊文集》，但這 3 篇文因與本書的性質契合，為維持本書的完整性，特將這 3 篇專文也收入本書，更何況大陸各種科學資訊，均隨時都在變動，因此也增訂內容。

2007 年為先賢利瑪竇神父與徐光啟先生漢譯《幾何原本》400 週年，特將上述在《牛頓雜誌》發表的 8 篇有關科學家事蹟的專文集結成書，使讀者瞭然於中國科學家對人類文明的卓越貢獻，而見賢思齊，以推廣科學普及教育。然書中的疏漏與未盡周延之處，尚請博雅君子不吝賜教。

謝敏聰　謹識

2007 年 12 月

目　錄

蘇　頌

宋代宰相、偉大科學家蘇頌塑像——福建省同安縣，蘇頌科技館陳列。

〔英國〕李約瑟（Joseph Needham）說：「蘇頌是中國古代和中世紀最偉大的博物學家和科學家之一」

〔宋〕朱熹說：「趙郡蘇公，道德博聞，號稱賢相，立朝一節，終始不虧」

《宋史・蘇頌傳》稱他精通「經史、九流、百家之說，至於圖緯、律呂、星官、算法、山經、本草，無所不通，尤明典故」。

生平略歷

李約瑟博士認為，中國宋代的文化和科學「達到了前所未有的高峰」。蘇頌即宋代一位百科全書式的人物，多才多藝，涉獵領域相當廣泛，在天文、機械製造、醫藥、水利、政治、外交、文史等都有卓越的成就。

蘇頌，字子容，福建同安人，生於北宋真宗天禧 4 年（1020 年）。宋仁宗慶曆 2 年（1042 年）23 歲（中國歲數）的蘇頌與王安石同榜中了進士，從任宿州（安徽宿縣）觀察推官起，一生從政 50 多年，歷任仁宗、英宗、神宗、哲宗、徽宗 5 朝重臣，73 歲榮任宰相。他遠避權寵，從政穩重、精明、勤儉自持；掌權能尊重知識、重科技，推薦賢能，並曾出使遼國折衝外交之間。在

蘇頌故居——蘆山堂。在福建省同安縣。唐乾符年間（874～879 年），蘇氏入閩一世祖蘇益，自河南光州固始縣隨王潮入鎮福建，定居同安。後晉開運元年（944 年），蘇益的第 3 子——蘇頌高祖蘇光誨在蘇益原來的住宅改建府第，世稱蘆山堂。北宋天禧 4 年（1020 年），一代賢人蘇頌誕生於此。

歷代中國官僚政治中，各種名位重人事關係的援引，講人情，不重視適才適所。蘇頌能運用人才群體的整體功能，不謀私利，為政清廉，是相當可貴的。

他卒於宋徽宗建中靖國元年（1101 年），享年 82 歲。著有：《新儀象法要》、《渾天儀象銘》、《本草圖經》、《蘇魏公文集》、《魏公題跋》、《蘇侍郎集》、《元祐詳定敕令式》、《華戎魯衛信錄》、《邇英要覽》，另有蘇頌長孫蘇象先整理的《魏公譚訓》。

蘇頌在科學上的貢獻主要有二項：一為《本草圖經》的編撰；二為創建《水運儀象臺》。

《本草圖經》的編撰

仁宗皇祐五年（1053 年），蘇頌調升國史館集賢院校理 9 年，便利用接觸皇室藏書的機會，每天堅持背誦 2000 字，回家後默寫保留，故熟悉了許多宮廷祕本，極大地豐富了自己的學識。著名的藥物學著作《本草圖經》21 卷，就是在此期間完稿。

《本草圖經》現已不能看到完整的著作，成為佚書。僅能從著錄及後人引書中略見端倪。

李約瑟博士曾經表示：「作為大詩人蘇東坡詩友的蘇頌，還是一位才華橫溢的藥物學家，他在 1061 年撰寫了《本草圖經》，這是一本附有木刻標本說明圖的藥物史上的傑作。在歐洲，把野外可能採集到的動、植物加以如此精確地木刻並印刷出來，是直到 15 世紀才出現的大事。」

蘇頌指導編撰《本草圖經》歷時 4 年，共 21 卷，是流傳至今的中國第 1 部有圖的本草著作。

《本草圖經》收集了宋朝以前的醫藥經方，如《內經》、《神農本草經》、《太平聖醫方》等；引證了經、史、子、集；並參考了地方志書等近 200 種社會與自然科學著作，繪製出 933 幅藥物圖，記載了 1082 種藥物的形狀、採收季節、效用、產地等等，內容豐富，含蘊廣博；是一部醫藥巨著，也是一部植物學、動物學、礦物學的傑出作品。

明朝醫藥學家李時珍的《本草綱目》就直接從《本草圖經》中採用藥物

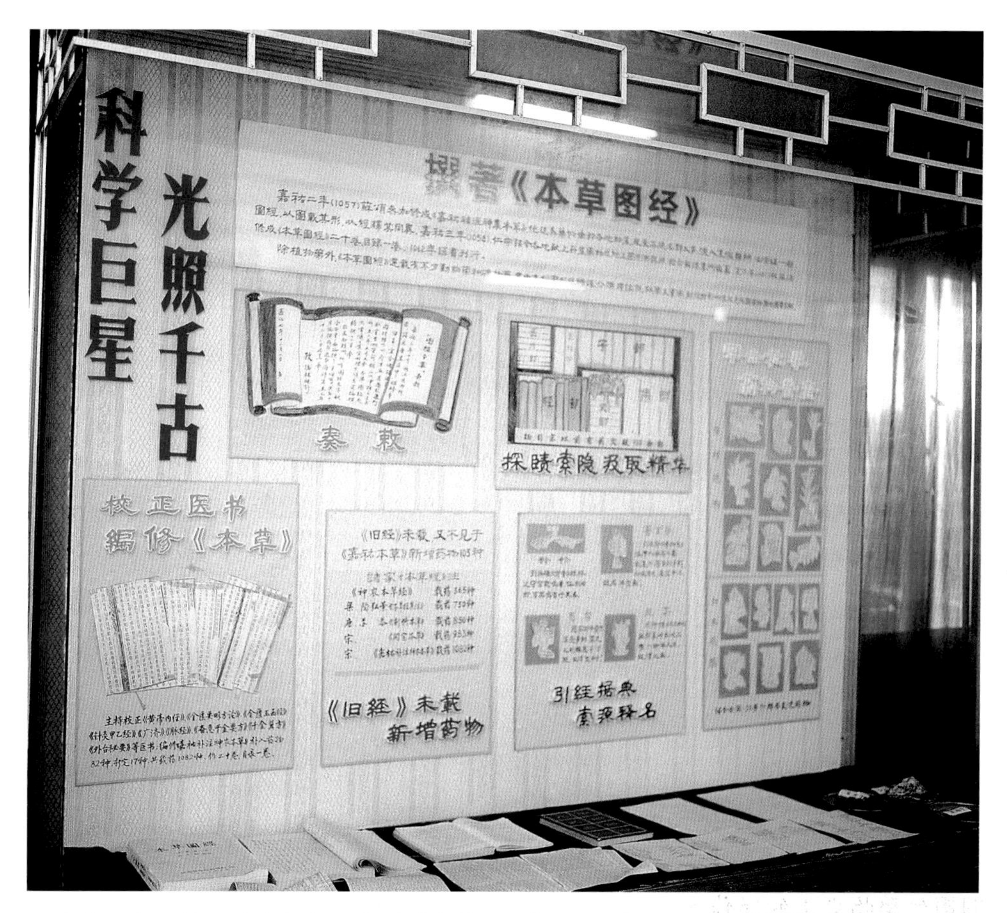

福建省同安縣蘇頌科技館內，有關《本草圖經》的介紹。明朝著名的藥物學家李時珍，稱讚《本草圖經》「參考詳明，頗有發揮」。

74 種。

《水運儀象臺》的製作

歐洲中世紀有一種「天文鐘」，它是把動力機械和許多傳動機械組合在一個整體裡，利用幾組齒輪系組把機輪的運動變慢，使它經常保持恆定的速度，和天體運動一致。它既能表示天象，又能計時，後世的鐘錶就是從它演變出來的。國際學術界認為「水運儀象臺」很可能就是這種天文鐘的直接祖先。

在蘇頌研製水運儀象臺之前，宋朝已製造過銅渾儀（〔至道元年〕995年）、新渾儀（〔皇祐3年〕1051年）、龍圖閣渾儀（〔大中祥符3年〕1010年）。熙寧6年（1073年）提舉司天監陳繹在奏書中，談到上述渾儀，都已不夠精密。

同安縣蘇頌科技館展覽室入門——館高6層，建築面積2500平方公尺。用圖文、文物、模型介紹蘇頌在各方面的傑出成就。

熙寧7年（1074年），沈括進行舊渾儀的改造，他取消了白道環，校正了渾儀極軸，使渾儀進步很多。但是，到蘇頌受命製造水運儀象臺是因沈括的儀器也不夠精確。其缺點在「至於測候，須人手運動，人手有高下，故躔度亦隨而轉移」。

另外，北宋所用曆法的頻頻更替，也是促成水運儀象臺研製的原因之一。在北宋統治的167年間，頒行了9個曆法。觀測數據和推算方法是曆法能否編得準確的兩個關鍵要件。觀測數據能否準確，則取決於儀器是否精良。

水運儀象臺始建於1086年，成於1092年（蘇頌67～73歲間），是繼承韓顯符、周琮和舒易簡、沈括等3大渾儀成果創造的，高12公尺、寬7公尺。

水運儀象臺分三層，上層是「渾儀」，用來觀測天體運行的儀器；中層是演示天象的「渾象」，即在一個球體上面佈列天體星宿；下層是使「渾儀」、「渾象」隨天體運轉而有木人準確報時的機械裝置，稱為「司辰」。它有「四遊儀窺管」（望筒）能隨被觀測的天體運轉，與現代轉儀鐘控制的天體望遠鏡隨天體運動一樣。

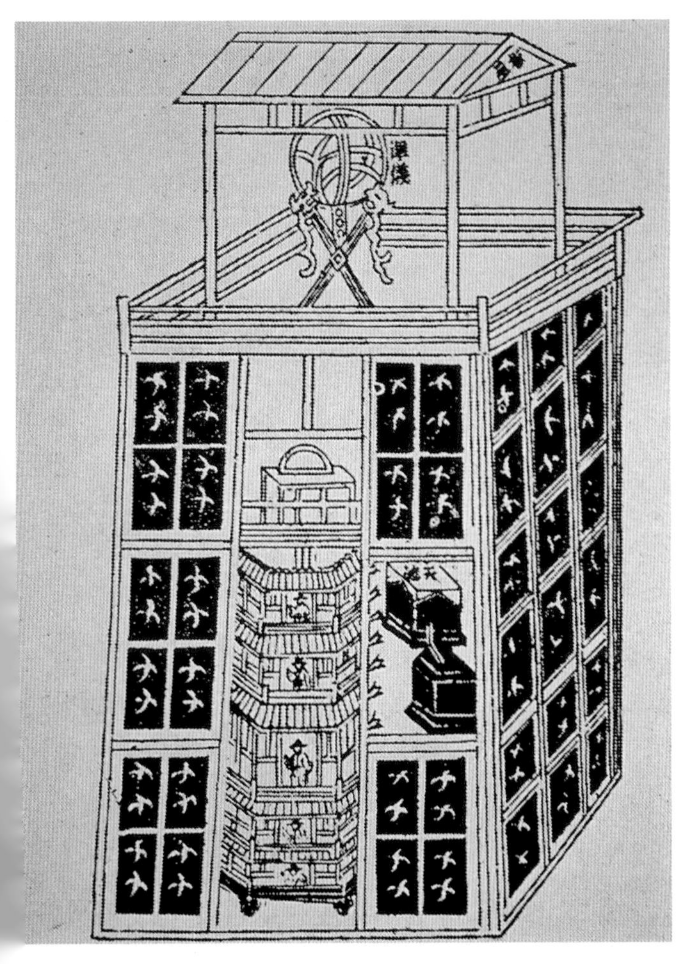

蘇頌著《新儀象法要》中的〈水運儀象臺圖〉。

水運儀象臺頂上有 9 塊活動的屋板，雨雪時可以封閉，觀測時可以拆開，作用和今天天文臺可以開啟的球形圓頂相同。

水運儀象臺的原動輪叫「樞輪」，由「銅壺滴漏」式的水推動。樞輪運轉的速度由一組「天衡」系統的桿杆控制。「天衡」系統對「樞輪」的這種擒縱與控制作用，與現代鐘錶的錨狀擒蹤器（俗稱「卡子」）的作用大略相同。歐洲直到 17 世紀才有。

蘇頌主持的水運儀象臺發明，參加此一工作的還有太史局的周日嚴，吏部的韓公廉在計算方面也功不可沒。還有一些年輕的生員袁惟幾等，學生侯永和等，以及測驗規景和刻漏等專門工作人員。

水運儀象臺的毀壞與複製

從元祐 7 年（1092 年）製成銅製水運儀象臺，到靖康元年（1126 年）金兵攻入汴京（今河南省開封市），將其掠奪的這段期間，汴京總計使用水運儀象臺達 34 年。

由汴京到金的燕京（今北京市）相距 800 多公里，一路顛簸，其機樞齒輪多有損壞，運到燕京時，已不能使用。更何況汴京與燕京的地理緯度和地勢高低都不相同，從望筒中窺極星，要下移 4 度才能看見。

以後，金與南宋政權都想複製它，但始終沒能成功。

大陸學者王振鐸於 1958 年複製了水運儀象臺的模型，陳列於北京中國國家博物館。英國李約瑟博士也複製出水運儀象臺模型，並陳列在英國南肯辛頓（South Kensington）科學博物館。現臺中市自然科學博物館也陳列有複製的模型。

銅壺滴漏（模型），北京故宮博物院鐘錶館（奉先殿）陳列。

中國最早的機械圖紙

1094～1096 年蘇頌著《新儀象法要》，全書分三卷，分別詳細介紹了渾儀、渾像和水運儀象台的設計和製作情況。尤其重要的是，這部書還附有這 3 種天文儀器的全圖、分圖、詳圖 60 多幅，圖中也繪有一套中國最早、最有系統、最完整的機械零部件設計圖紙繪製機械零件 150 多種。畫法有平面投影圖、也有主體投影圖。說明中註有尺寸和傳動嚙合關係。它使現在的人有可能了解水運儀象臺的原貌，進而據此進行複製。

中國最早的全天星圖

在《新儀象法要》中有 14 幅全天星圖，這是中國保存全天星圖中最早的，舉其著名的有如〈渾象紫微垣星圖〉、〈四時昏曉加臨中星圖〉、〈渾象西南方中外官星圖〉、〈渾象北極星圖〉。蘇頌繪星圖 1464 顆，比唐〈敦煌星圖〉

宋代《天文圖》碑石典藏於蘇州文廟，圖為大成殿，現存建築為明成化10年（1474年）所建。2007年2月攝。

宋代《天文圖》碑石，蘇州文廟藏。為根據北宋朝元豐年間（1078～1085 年）觀測結果繪製，比蘇頌始製水運儀象臺早幾年，記錄有1440顆星體。此碑為南宋淳祐7年（1247年）由王致遠摹刻在石碑上。全圖總高八尺，寬三尺半。圖以北極為中心，黃道和赤道斜交，形成二十四度的夾角。圖上有28條經線，各經線的寬度不等，表示28宿中各宿的赤道宿度。「28宿」就是中國古代對黃道附近天空區域的劃分。這幅天文圖的下半部，附刻圖說41行，記述太極、天體、地體等形成的理論，地經、赤道、日、黃道、月以及日月食的原因、恒星命名的方法等，對當時天文學的知識作了總結性的說明。現在世界上都承認這塊石刻天文圖是全世界最古的星象圖。

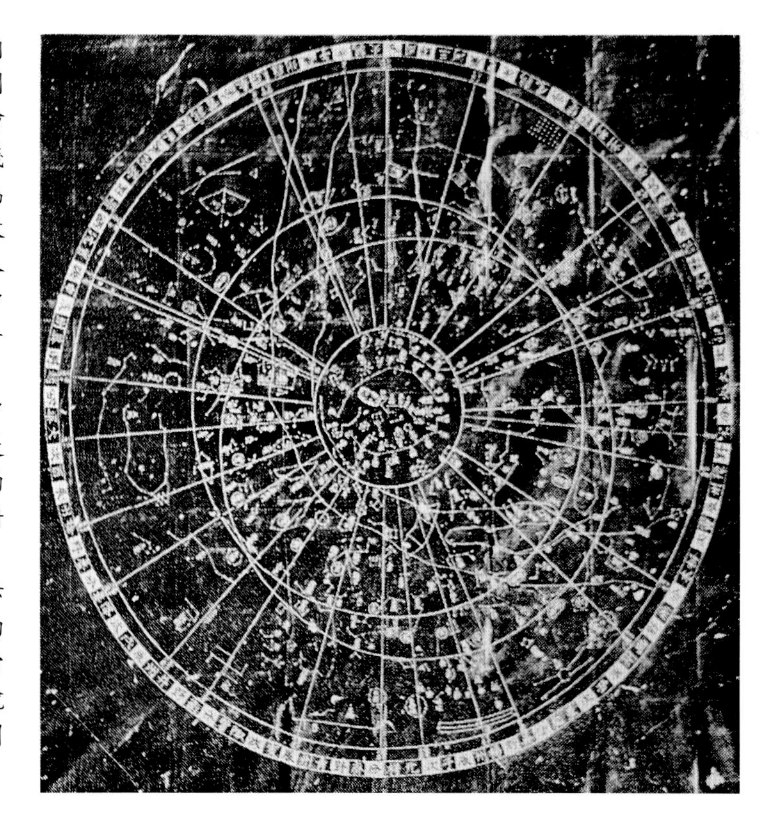

（被斯坦因[Sir. Aurel Stein]取往英國）1350 顆更準確，也比 400 年後歐洲的星數多了 442 顆。

臺中市自然科學博物館複製的水運儀象臺（照片為局部）。

水利學的成就

蘇頌領導建設了中國最早的自來水工程，所疏治的河道在水利史上占有重要地位。

蘇頌一向重視水利，曾奏請疏濬白溝等四河，曾到黃河氾濫區勘察，提出分殺黃河水的辦法。在杭州領導建設了竹管自來水工程，以上可見《蘇魏公文集》。

政治、外交上的成就

在政治上蘇頌從 1042 年中進士，到 1097 年卸任，從政 55 年，廉能愛民，最後擔任宰相的時間，只有 9 個月。任江蘇江寧縣令時，他清查了富戶漏稅行為，核實丁產，編成戶籍，按冊課稅，既增加了國庫收入，又減輕了窮人的負擔；任穎州知州時，正值朝廷為宋仁宗修築皇陵，命各州縣調撥大批物資，州縣官們紛紛加捐派款，從中大撈一把，惟獨蘇頌不侵擾穎州百姓，從州庫中撥出官款置買。宋神宗即位時，宋朝的政權已顯現危機，西北有西夏國不斷侵擾，國家財政日益枯竭。1069 年，宋神宗為了挽救危機，起用改革家王安石為宰相，實行變法。王安石的變法，針對時弊，以嘉惠於民為出發點，但是忽略現實技術問題，沒有先澄清吏治，執行不當，人民生活更加困苦，因此歐陽修、司馬光、蘇軾等人反對，蘇頌也反對新法，特別是「青苗」、「市易」、「均輸」新法。他還主張對外「禮讓」、「息兵」，反對王安石在軍事上對遼、夏的抵抗政策。

熙寧 3 年（1070 年），蘇頌與宋敏、李大臨三人因拒絕草擬越級提升李定為御史的制書，被免去知制誥之職，守舊派官僚稱他們三人為「熙寧三舍人」。

在王安石進行新法的 16 年間，他歷任潁州、婺州、亳州、杭州、河陽、滄州，應天府等地方主管官員；還代理過京師開封府的知府；並擔任過通議大夫、吏部侍郎、刑部尚書、尚書左丞等中央要員。他曾對王安石的「新法」，提出不少改進建議，如學校改制、吏部四選、廢黥杖苛刑、要求「青苗法」的貫徹不要政出多門。他認為選拔人才不能單看詩詞文章，更極力主張學校博士「應分經課試諸生以行藝，為升俊之路」，注重專業能力。

熙寧元年（1068 年）蘇頌第一次使遼。

熙寧 10 年（1077 年）蘇頌奉命再次出使契丹（遼國）賀遼主生辰。遼國曆法與宋朝的曆法相差一日。這時，正好遇到冬至節。宋朝的奉元曆比遼國的大明曆早一天。副使要過節慶賀，但遼國不肯接受。而蘇頌斷定遼曆是正確的，但又不便公開承認，即以曆家算術小異，遲速不同說服遼人，各從本國之曆作慶賀。回國後，蘇頌仍奏報宋神宗稱遼曆準確，於是宋國的司天臺官員均受到罰俸。

蘇頌兩次成功使遼，富有卓越的外交才能及經驗，匯輯了有關宋遼 80 餘年間交往的珍貴文獻《華戎魯衛信錄》250 卷。

宋代的白溝河，現在稱為拒馬河，蘇頌曾奏請疏濬白溝河。照片為河北省易縣紫荊關附近的拒馬河，它是宋朝與遼國的疆界，當時又稱作「界河」。

遼中京遺址大觀。在今內蒙古赤峰市寧城縣大明城，遼中京是宋朝使臣前往遼朝正式首都臨潢府（今內蒙古赤峰市巴林左旗林東鎮）必經之地。

文學的成就

蘇頌不僅是一位多產的詩人，同時也是一位傑出的科學詩人，著有《蘇魏公文集》72 卷，其中詩歌 14 卷，665 首，反映科學內容的科學詩 20 餘首。

重要參考資料

《宋史・蘇頌傳》。

莊添全〈略論蘇頌成功的基因〉，潘鼐〈蘇頌及其天文工作〉，管成學〈蘇頌水運儀象臺成毀考〉，陳曉、陳延杭〈蘇頌水運儀象臺復原模型研製〉，田育誠〈蘇頌科學技術文化成就表〉，蘇啟耀、蘇宜族〈蘆山堂發展史〉、以上各文收錄於莊添全、洪輝星、婁曾泉主編《蘇頌研究文集》廈門，鷺江出

蘇丞相正簡祠堂，在同安縣城孔廟右側。原建築是南宋紹興23年（1153年）朱熹任同安縣主簿時，為紀念蘇頌所建。朱熹盛讚蘇頌「高風聳乎士林，盛烈銘於勛府」，「道學淵深，履行純固，天下學士大夫所宗仰」，「博洽古今，通知典故，偉然君子長者也」。

版社，1993年。

不著撰人《宋遼金史話》台北，木鐸出版社，1988年。

周世德〈水運儀象臺〉收錄於中國科學院自然科學史研究所主編《中國古代科技成就》1995年，修訂版。

胡漢傳、彭一萬編著〈享譽世界的偉大科學家、名垂青史的名臣賢相蘇頌〉載《廈門愛國主義教育手冊》廈門大學出版社，1996年。

蘇克福、管成學、鄧明魯主編《蘇頌與本草圖經研究》長春出版社，1991年。

http://www.hnkp.com./2004.asp?NewsID=954 河南科普網。

本文原載《牛頓雜誌》164期，1977年1月號，2007年12月，根據新資料增訂。

沈　括

宋代的科學家沈括，才華橫溢，博物窮思，在研究天文、氣象、物理、化學、農田水利、工程技術、數學、地理、地質、醫學、藥物、生物、軍事以及文字、考古、歷史、音樂、文學、圖畫等各方面均取得了巨大的成就。沈括也是一位愛國愛民的知識份子，在外交與國計民生也有可觀的貢獻。英國科學史家李約瑟（Joseph Needham）博士稱沈括的巨著《夢溪筆談》是「中國科學史上的座標」。

永安山。又名慶雲山。即今內蒙古自治區赤峰市巴林右旗瓦爾漫汗山。為遼皇帝夏季捺鉢（行宮）之地。沈括於熙寧8年（1075年），代表宋國，在永安山謁見遼道宗。據沈括《使契丹圖抄》載：「永安，地宜畜牧，畜宜馬牛羊，草宜荔梃、臬耳、穀宜粱、麥。」永安山是契丹的聖山，這裡是遼聖宗、興宗、道宗三帝陵寢的所在。

沈括像，引自《沈氏家乘》。

生平略歷

沈括，字存中，錢塘（今浙江省杭州市）人，生於宋仁宗天聖 9 年（1031 年），卒於宋哲宗紹聖 2 年（1095 年）。他的父親沈周，字望之，曾經先後在四川簡州（今簡陽）、江蘇潤州（今鎮江）、福建泉州等地做過地方官。沈括幼年時跟隨父親四處赴任，這使他增長了見識。

沈括的母親許氏是一個有文化素養的婦女。沈括自幼勤奮好讀，在母親指導下，14 歲就讀完家中的藏書。沈括 22 歲時父親去世，兩年戴孝廬墓後，因父蔭而任海州沭陽縣（在今江蘇省海州縣）主簿（相當於現在縣長的幕僚長），以後歷任東海（在今江蘇省）、寧國（在今安徽省）、宛丘（河南省淮陽縣）等縣縣令。嘉祐 8 年（1063 年），他 33 歲，進士及第。次年，被任命為揚州司理參軍，掌管刑訟審訊。治平 2 年（1065 年），被推薦到汴京（今河南省開封市）昭文館當校勘（編校書籍），這使他有機會閱讀當時皇家圖書館中豐富的藏書，在這裡他開始研究天文曆算。

宋神宗熙寧 2 年（1069 年），王安石被任命為宰相，開始進行大規模的變法。熙寧 3 年（1070 年），沈括積極參與變法，是王安石最得力的助手之一。熙寧 4 年（1071 年）11 月，遷太子中允、檢正中書刑房。次年，兼提舉司天監職掌觀測天象，推算曆書。他首革弊政，罷斥不學無術之徒，起用布衣盲人衛朴修訂新曆。後製成新渾儀、景表、五壺浮漏，修成《熙寧奉元曆》，受到升官獎勵。同年 9 月，又奉命督濬汴河水道，測量了水道地形。

6 年（1073 年）3 月，沈括升集賢院校理。5 月，參與詳定三司命敕。6 月，出使兩浙路，相度農田、水利、差役等事，並兼察訪。募飢民興修水利，並上書皇帝請求罷免兩浙歲額外預買紬絹 12 萬匹。

7 年（1074 年）3 月，沈括升太常丞、參與修《起居注》。7 月，又升為右正言；擢「知制誥」（參與詔令擬制），兼通進銀臺司（銀臺司兼門下省封駁，乃給事中之職）。9 月，兼判軍監器。

8 年（1075 年）夏，遼國意欲侵佔宋朝河東路沿邊土地，引起邊界糾紛。沈括奉命出使遼國，折衝於外交之間，不辱使命。

揚州平山堂。平山堂是北宋慶曆 8 年（1048 年）文學家歐陽修任揚州太守時所建，坐在堂內，南望江南遠山正與堂欄相平。歐陽修常在這裡宴客、賞景、作詩。歷代加以重修，現在的堂屋是清朝同治年間（1862～1874 年）重建。沈括於 33 歲時（1064 年）任揚州司理參軍為淮南轉運使張芻所賞識，是年，沈括撰《揚州重修平山堂記》。次年，張芻將沈括推薦給朝廷，沈括以後終能承擔大任。沈括在 37 歲時喪妻，娶張芻第 3 女為繼室，這是沈括因曾在揚州任職的際遇。

9 年（1076 年）12 月，沈括遷翰林學士、權三司使（相當於今天的財政部長）。次年 7 月，受劾貶官，以集賢院學士出知宣州（今安徽省宣城縣）。

元豐 3 年（1080 年）6 月，再次受到朝廷重用，知延州（今陝西省延安市），兼鄜延路（今陝西省膚施縣）經略安撫使，成為邊防帥臣。因守邊有功，5 年（1082 年），升龍圖閣直學士。

次年，西夏梁太后專政，宋軍乘機大舉進攻，鄜延路軍兵在沈括指揮下攻占了磨崖、葭蘆、浮圖城。為了進一步遏制西夏，沈括等人提出了在今陝西省橫山縣一帶修築城堡的戰略，被宋神宗採納。沈括主張先築石堡城，但給事中徐禧卻要先築永樂城。皇帝下詔令先築永樂城，城一剛修好，即遭西夏軍猛烈攻擊，此役宋軍陣亡將士 12000 餘人，喪失戰馬幾萬匹，這就是有名的「永樂城之戰」。沈括當時以夏人同時襲擊綏德（今陝西省綏德縣），先去救，不能

江蘇省鎮江市區一景，沈括晚年定居鎮江，在夢溪旁的夢溪園小屋寫下不朽名著《夢溪筆談》。1995 年 2 月攝。

同時援永樂城，以致兵敗。作為主帥以「措置乖方」的罪名被貶謫，責授均州（今湖北省均縣）團練副使，送往隨州（今湖北省隨縣）監管安置。

元豐 8 年（1085 年），哲宗即位，頒詔大赦，沈括改授秀州（今浙江省嘉興市）團練副使，在秀州安置。

元祐 2 年（1087 年），他完成了在熙寧 9 年（1076 年）即已奉命編繪的《天下郡縣圖》。內容為大小總圖各一幅（最大的一幅高 1 丈 2 尺，寬 1 丈），分路圖 18 幅，總計 20 幅，定名為《守令圖》，於次年被特許到汴京（今河南省開封市）進呈。後來，朝廷給了他一個左朝散郎、守光祿少卿、分司南京的虛銜，准其隨便居住。

沈括便移居到潤州京口（今江蘇省鎮江市），將他以前購置的田園加以修繕，取名為「夢溪園」（恍然乃壯年時睡夢裡遊覽之地），在此隱居 8 年後去世。此其間，寫成了他的科學巨著《夢溪筆談》，以及農學著作《夢溪忘懷錄》（已佚）、醫藥著作《良方》等。沈括所著綜合性文集，在南宋時代曾經編成《長興集》41 卷，今存 19 卷。

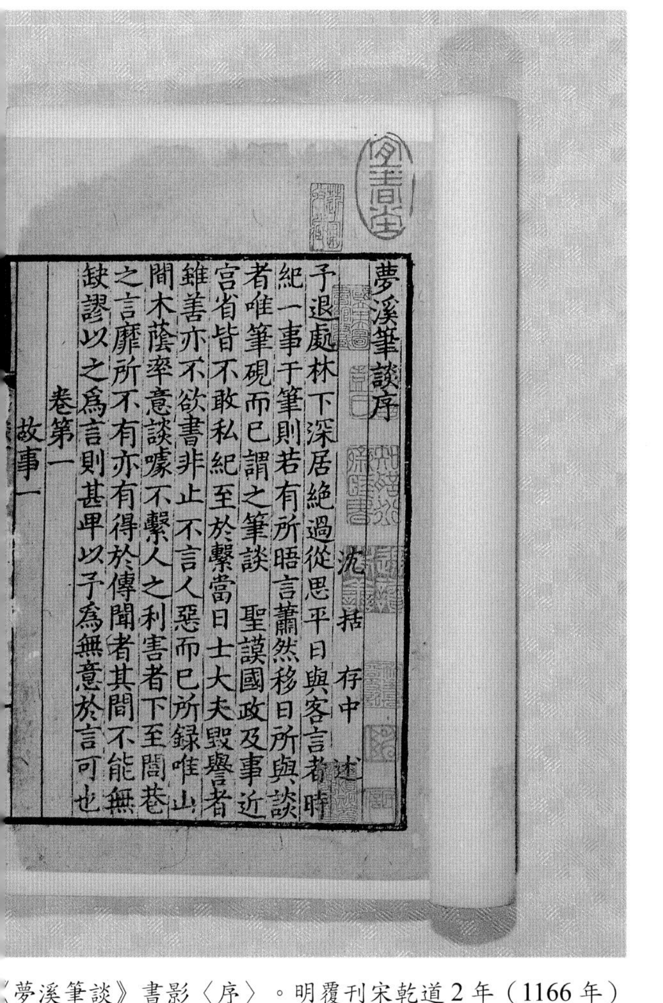
夢溪筆談序
沈括 存中 述
予退處林下深居絕過從思平日與客言者時紀一事于筆則若有所晤言蕭然移日所與談者唯筆硯而已謂之筆談 聖謨國政及事近宮省皆不敢私紀至於繫當日士大夫毀譽者雖善亦不欲書非止不言人惡而已所錄唯山間木蔭率意談噱不繫人之利害者下至閭巷之言靡所不有亦有得於傳聞者其間不能無缺謬以之爲言則甚卑以予爲無意於言可也
卷第一
故事一

《夢溪筆談》書影〈序〉。明覆刊宋乾道 2 年（1166 年）
，明成化～弘治（1465～1505 年）間海岳墨筆批註，清
元瑞手書題記。國家圖書館藏。

沈括一生的成就是多方面的，現分述於後：

實測汴渠及農田水利工程

沈括在 23 歲時（1053 年）曾代理海州沭陽縣令，主持治水工程，築百渠 9 堰，得上田 7000 頃；30 歲時（1061 年）任安徽省寧國縣令，致力蕪湖萬春圩的興建工程，並獲得成功。圩是在易受水害的沼澤地周圍修堤築壩，然後能在裡面種田的地域。沈括在萬春圩工程中招募窮苦農民 14000 人，修築長達 40 公里的堤壩，造出 1270 頃新農田，同時還寫了《圩田五說》、《萬春圩圖書》等關於圩田方面的著作。

沈括參與的最大一件水利工程是在 41 歲時（1072 年）受命提舉疏濬汴渠，沈括在這工程中首創「分層築堰測量地形法」。

北宋時期，每年都要調撥汴京（今河南省開封市）地區 30 多縣的民工來疏濬汴渠。宋祥符年間（1008 年～1016 年），閣門祇侯使臣謝德權（字子衡，揚州人）領導治理排水溝渠的工作，自此以後，謝德權借用疏濬汴渠的民工，每 3 年疏溝渠 1 次，並令汴京地區的地方官把治理溝渠河道作為經常性的工作。但日久，治理工作逐漸鬆弛下來，以致汴渠 20 年沒有得到疏濬，淤積越來越多嚴重，河水阻塞，使汴京東水門往下至雍江（今河南杞縣）、襄邑（今河南睢縣）的河底皆高出堤外近 4 公尺。站在汴渠堤上，村舍如在深谷之中。熙寧 5 年（1072 年），沈括即承擔此疏導洛水流入汴渠的重任。

虹橋附近的汴渠。北宋・張擇端繪《清明上河圖》石渠寶笈三編本。（部分）。現藏北京，故宮博物院。疏濬汴渠是沈括參與的最大一件水利工程。北宋時代汴渠是大運河的一段，北宋為了遷就汴渠水運便利，而建都汴京（今河南省開封市），汴渠的疏濬在北宋時代可以說是最大的公共工程了。

沈括沿汴渠進行實地勘測，從汴京上善門測量到泗水與淮河的會合點，總計有 420 公里。汴京地勢比泗水高出約60公尺，在汴京以東幾里遠的白渠下挖至 9 公尺才能見舊底。當時人所用測量工具是誤差較大的土水準器，望尺（即覘板）、干尺（即標尺）進行高程測量。沈括根據當地的實際情況提出了「分層築堰」的水準測量方法，直接從水平線測出，取得了滿意的結果。其方法是：在汴渠的堤外，由於修堤取土而留下一塊塊凹地，如連接起來即形成了溝渠，如將這些溝渠挖通，築一道堰，攔住一段水，這樣連續的一段一段的水，像臺階一樣。然後逐次量取相鄰兩堰水平線的高度，就可以得到汴渠上下游地勢高差的數字。

熙寧 7 年（1074 年），沈括 43 歲，並建議興築溫州、臺州、明州等以東的堤堰，增闢耕地；熙寧 8 年（1075 年），沈括為淮南、兩浙災傷體量安撫使，其按畝徵錢、興建水利等計劃，受到大臣呂惠卿的反對。

天文學的成就

英宗治平元年（1064 年），沈括33歲，任揚州司理參軍，為淮南轉運使張芻所賞識，張芻於次年向朝廷推薦沈括，沈括乃奉召赴汴京（今河南省開封市）任編校昭文館書籍，並參與詳定渾天儀，這時起沈括開始悉心研治天文曆算之學。

經過研究，沈括認識到歲差現象使天象發生變化是自然規律；沈括正確地解釋了月相的變化；科學而生動地描述了常州（今江蘇省常州市）隕石的墜落過程，並準確地判斷其成分是鐵；並注意到行星視運動有往復現象。

神宗熙寧 5 年（1072 年），沈括 41 歲，主持司天監工作。在主管司天監工作期間，致力整頓機構。反對以演算湊數的修曆方法，強調實測，改製新儀器，推舉先進的《奉元曆》（《奉元曆》後因守舊大臣的反對，只實行 18 年就被廢止了）。沈括親自參加天文測量，為了確定北極星的位置，他連續 3 個月，每天上半夜、午夜和下半夜各觀測 1 次，畫了 200 多張星圖，斷定北極星離北天極「三度有餘」。沈括對 1 年中太陽視運動的不均勻性曾進行過多年觀測，發現由於太陽的視運動有快有慢，致使一天的長短不盡相同，「冬至日行速，故百刻有餘；夏至日行遲，故不及百刻。」為了實測，沈括研製出新渾儀和漏壺，沈括所製的渾儀首先去掉了三辰儀中的白道環。開創了簡化渾儀結構的方向，後來元朝郭守敬於元世祖至元 13 年（1276 年）創製的簡儀，就是在這個基礎上加以設計的。他的漏壺也有新的建樹。在研究及記錄儀器結構，沈

料敵塔。在今河北省定州市。定州是宋朝防禦遼國的最前線。利用此塔瞭望敵人。建於北宋咸平4年（1001年），至和2年（1055年）始成，歷時55年，高84公尺，現仍為中國最高的磚塔。

括於熙寧 6 年（1073 年）寫了《渾儀議》、《浮漏議》、《景表議》3 篇重要論文。次年（1074 年）新製渾儀、浮漏成，神宗召輔臣觀看。沈括為研究刻漏，另著有《熙寧晷漏》。

沈括還大膽提出了《十二氣曆》，建議廢除以 12 個或 13 個朔望月為一年的傳統曆法，改以節氣為主的陽曆。這種曆法簡單明瞭，便於指導農事。19 世紀英國農業氣象局的《蕭伯納曆》與《12 氣曆》實為同一類型。

另外，沈括也正確指出日、月的形狀如彈丸，並由此解釋了月亮發光的光源來自太陽，與日蝕、月蝕產生的原因。

軍事科學的成就

熙寧 7 年（1074 年），沈括 43 歲。擔任河北西路察訪使兼軍器監長官，督師定州前線。他攻讀兵法，精心研究城防、陣法、裝備、武器及戰略、戰術等軍事學方面的問題，編成《敵樓馬面圍敵法式》、《修城法式條約》、《修城女牆法式》、《邊州陣法》等著作，把一些先進的科學技術成功地應用到軍事科學上。

在知延州的期間，沈括也考察了五胡十六國時代匈奴族赫連勃勃所築的統萬城的城防建築，該城在公元 994 年為北宋所毀（到現今 21 世紀廢墟仍存），但該城的地理位置、形制對宋軍佈防延州一帶有一定的軍事參考價值。

沈括 44 歲時（1075 年）視察河北西路前線，講修邊備，改易舊政 31 件。

河北省定州市的西部山區。曲陽縣附近。沈括曾將定州以西的山區製成立體模型，以供宋軍防守之地形參考。

到定州（今河北省定州市），打獵 20 多天，盡得地形險易的詳細，以膠木屑熔臘，將定州以西的山區製作成木質立體地理模型，這種辦法很快被推廣到邊疆各州。沈括發明的木製地形圖，比歐洲最早的地形模型早 700 年。

數學的成就

沈括根據水利工程、建築工程和軍事工程中計算土方和用料的實際經驗，創造了「隙積術」。這是計算長方臺形垛積的一種方法，是求積方法的新創造。在沈括之前，早已有了計算各種立體體積的方法。這些方法都是把各種立體進行分割和拼湊，由直觀來證明它們的求積公式。沈括在隙積術中討論了兩類體積：一個是積，即實體；一個是隙，即虛隙。所謂「隙積」，是指球面有虛隙的堆積體的體積，如疊起來的甕、缸、瓦盆之類或一層層築起來的階梯形土臺。隙積術採用分層計算，然後再用級數求和的辦法。它以幾何的表示法和獨特的幾何代數變換，來研究高階等差級數的求和問題，用以求累層堆積的缸之類物體的總和，即高階等差級數求總和的算法。南宋數學家楊輝和元代數學家朱世傑等，又進一步加以研究，發展成為「垛積術」，解決了更為複雜的高階等差級數求和問題。

沈括在數學上的另一個重要創造是「會圓術」。這是中國數學史上第1個由弦和矢的長度求弧長的比較簡單實用的近似公式。這一公式後來由元代郭守敬在制訂《授時曆》時，多次反覆地應用於推算「赤經」和「赤緯」，並得到了相當於球面三角法的新成果。

縷懸法指南針模型。根據《夢溪筆談》記載復原。資料照片。

日本數學家三上義夫在《中國算學的特色》中說：「中國數學家像沈括那樣多藝多能，實不多見。不用說在日本，就是在全世界數學史上，也沒有發現像他那樣的人物。」

縷懸法指南針的創設

指南針如何應用才能準確？將磁針浮在水上，大多會搖晃不定；安放在指甲上或碗的邊緣，磁針運轉得尤其迅速，但是指甲與碗，堅硬而光滑，很容易掉下來。沈括認為，用絲懸起來才是最好的。這種方法是取新產的單根蠶絲，用芥菜籽大小的臘將絲粘在針腰處，掛在沒有風的地方，這樣磁針就經常指著南方。

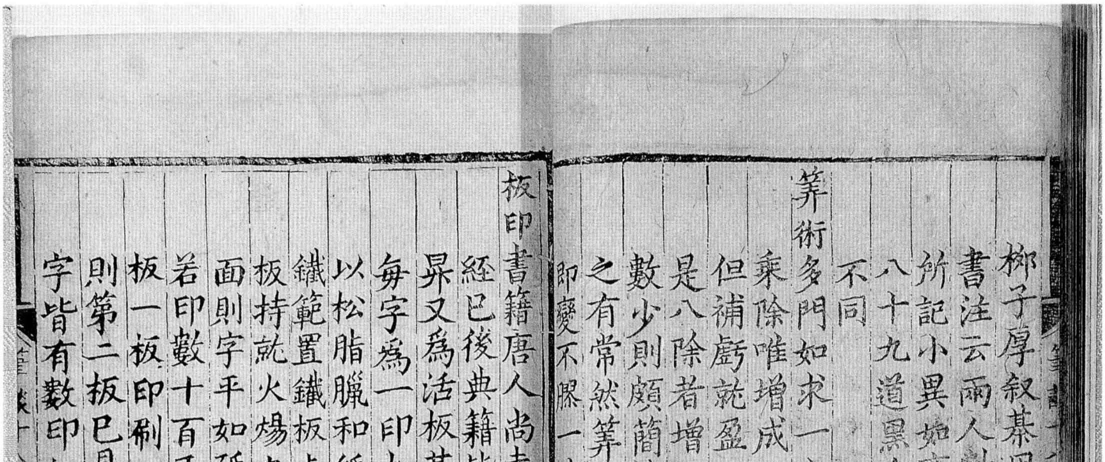

柳子厚叙棊用二十四棊者即此戲也漢
書注云兩人對局白黑子各六枚與子厚
所記小異如奕棊古局用十七道合二百
八十九道黑白棊各百五十亦與後世法
不同
筭術多門如求一上驅搭因重因之類皆不離
乘除唯增成一法稍異其術都不用乘除
但補虧就盈而已假如欲九除者增一便
是八除若增二便是但一位一因之若位
數少則頗簡捷位數多則愈繁不若乘除
之有常然筭術不患多學見簡即用見繁
即變不膠一法乃爲通術也

板印書籍唐人尚未盛爲之自馮瀛王始印五
經已後典籍皆爲板本慶曆中有布衣畢
昇又爲活板其法用膠泥刻字薄如錢唇
每字爲一印火燒令堅先設一鐵板其上
以松脂臘和紙灰之類冒之欲印則以一
鐵範置鐵板上乃密布字印滿鐵範爲一
板持就火煬之藥稍鎔則以一平板按其
面則字平如砥若止印三二本未爲簡易
若印數十百千本則極爲神速常作二鐵
板一板印刷一板已自布字此印者纔畢
則第二板已具更互用之瞬息可就每一
字皆有數印如之也等字每字有二十餘

《夢溪筆談》選頁。左頁為有關畢昇發明膠泥活字版的記載。明代覆刊宋朝乾道 2 年（1166 年）本。國家圖書館藏。

地磁偏角的發現

沈括利用指南針進行地形測量，發現磁針所指的方向不是正南，常常是稍微偏東，《夢溪筆談》一書是世界上有關地磁偏角的最早記載。歐洲一直到公元 1492 年哥倫布（Christopher Columbus）渡大西洋時，才發現這種物理現象。

膠泥活字版的紀錄

在《夢溪筆談》一書中記載在北宋慶曆 5 年（1045 年）左右，平民工匠畢昇發明膠泥活字版。

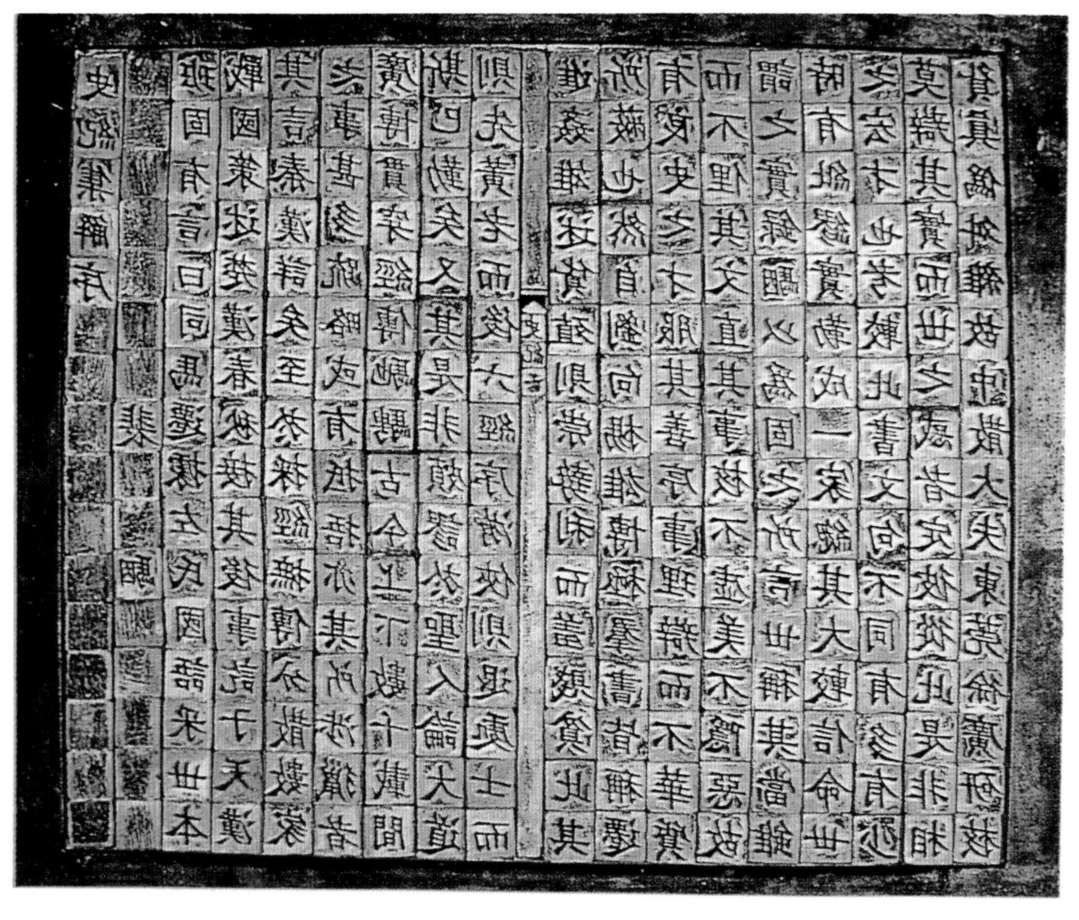

畢昇發明的膠泥活字版模型。根據《夢溪筆談》的記載復原。北京，中國國家博物館中國通史陳列。

膠泥活字就是用膠泥刻字，字印很薄，用火燒硬就能使用。排印時用一塊鐵板，上面敷上一層松脂、臘和紙灰，再在鐵板上放一個鐵框，把一個一個活字排進去。排滿一框後，放在火上讓松脂和臘稍微熔化，用一塊平板把字面壓平。待冷卻凝固後，框中的活字就很平整而堅固，成為一頁圖書，可以上墨印刷。印書時，同時用兩塊鐵交替進行，一版在印刷，另一版就繼續排字，使印刷不會中斷。經常用的字就刻製幾十個活字；冷僻的字，隨用隨刻，臨時用草灰燒硬使用。印刷完畢，再用火把脂熔化，活字就從鐵板上脫落，把一個個活字按韻裝在木格裡，貼上紙條，待下次再用。

沈括並指出這種活字印刷若只印二、三本，還不算簡便，但印數十、百、千本，則極為神速。沈括還說明用膠泥字而不用木頭活字的理由，是因為木材紋理有疏密，沾上水就高低不平，同時木材和藥料相粘，取不下來。不如燒土製字印，用完以後再用火烤使藥熔化，用手拂拭，字印就自然落下來，完全不沾藥料。

氣象科學的見解

宋人廣泛流傳利用物象、天象進行天氣預報的經驗。沈括曾把民間這些經驗記錄在《夢溪筆談》裡。例如人們利用鰻來預測水旱災害，又如「白雁至，則霜降」，這是北方初雁的預報經驗。又如夏季江湖的風暴往往發生在午後，但如果天亮前「視星月明潔」，當天就不會出現風暴，可以穩妥行船。

沈括還記載了熙寧 9 年（1077 年）發生恩州武城縣（山東省武城縣）的龍捲風，他詳實地記載這次破壞力極大的災害性天氣。他又記載了發生在河州（甘肅省臨夏縣西南）的冰雹，說雹粒「大者如雞卵」。

他也記錄了山東渤海曾出現的一次海市蜃樓。他詢問當地百姓，百姓們稱為「海市」，當時人都以為這是海裡的蛟龍和蜃蚌吐氣而成。扰括雖然還不能對這個大氣光學現象作出科學的解釋，但他否定了這是「蛟蜃之氣所為」的迷信說法。

沈括還把觀察、研究所得的氣象知識應用於天氣預報。有一年，汴京久旱不雨，老百姓都在求雨，後來遇到連日陰天，人們以為要下雨了，而天氣突然轉晴，「炎日赫然」。這時神宗問他什麼時候有雨？他回答說：「雨候已見，期在明日」。他敢於如此有把握地告訴皇帝，人們不相信這樣的大晴天會下起雨來，但是，第 2 天果然下了雨。沈括之預報是有科學根據的。從現代氣象學來看，連日陰雲，說明空氣中水分十分充沛，但熱力條件不足，缺乏空氣上升運動，所以不能成雨，後來一旦驟晴，近地面的氣溫劇增，引起對流不穩定而降雨。

沈括在使遼途中，一次雨過天晴的黃昏，看到帳幕前的小澗上出現了「虹」，虹的兩頭墜入澗中。他叫隨行的人渡過小澗，隔虹對立，相去幾丈，中間如隔一層透明的絹紗，沈括對虹的形成，同意孫彥先的觀點，虹是「雨中日影」，「日照雨則有之」。沈括還指出虹與太陽的相反方位，這是虹的基本特徵。由於時代的限制，當時他不可能理解光的反射與折射原理。

太行山北段山區。河北省易縣附近。沈括在太行山北段山崖發現螺蚌和卵形礫石的帶狀分布，從而推斷出這一帶是遠古時代的海濱。

地學方面的成就

沈括在 24 歲時（1055 年）代理東海縣令，曾研究東海縣的地理沿革，並糾正《圖經》的錯誤。

沈括 43 歲時，先後觀察浙東的雁蕩山、河北的太行山，發現其地質、地貌形成的原理。沈括指出流水對地表的侵蝕，是形成雁蕩山奇特風貌的原因。他又根據太行山山崖間有螺蚌殼和卵形礫石的帶狀分佈，推斷出這一帶是遠古時代的海濱，而華北平原是由黃河、漳水、滹沱河、桑乾河等河流所攜帶的泥沙沈積而形成的。

沈括在延州任上考察當地人採集石油的情形，並利用石油不容易完全燃燒

中油公司高雄煉油廠之一景。沈括曾注意到石油資源豐富，還預料此物後必大行於世。攝於 2005 年 8 月 4 日。

而生炭黑的特點，第一個收集石油煙炱，製造出品質優良的墨（以往是以松木炭黑造煙墨）。他把這種油液命名為「石油」，這一名稱現已為各國所接受，成為科學命名（中國對石油的名稱沈括以前稱石漆、石燭、石腦油、猛火油、石脂水）。沈括並注意到石油資源豐富，「生於地中無窮」，還預料到「此物後必大行於世」。

沈括又曾觀察陝北一帶的地質現象。他從延州（陝西延安）永寧關黃河岸崩塌時，發現地下數十尺的地方有和竹筍相似的古代植物，已經「悉為化石」。沈括並對它的成因作分析。他認為延安一帶向來沒有「竹類」植物，可能是古代的氣候「地卑氣濕」，適宜竹類生長。從這裡他形成了古今氣候變化的概念。這種判斷較之義大利學者達・文西（Leonardo da Vinci）的類似觀察，至少要早 400 年。根據當代中國科學家研究陝北延安一帶中生代植物群的結果，證明沈括所指的化石是「新蘆木」（Neocalamites）植物化石，並不是「竹類」化石。但是他能夠從古植物化石推廣到古地理與氣候，沈括是中國第一位提出「化石」科學概念的科學家。

此外，沈括對湖鹽和井鹽的開採、各種藥用礦物和寶石礦物的特性、隕星的墜落、地震引起海岸山石崩塌、河流改道、古洞庭湖的面積及江漢平原的地理變遷等與地質地貌有關的自然現象都作了觀察，提供了有價值的科學資料，對中國古代地質學很有貢獻。

對物候的認知

宋代物候知識隨著農業生產的發展而豐富起來。在《夢溪筆談》中，沈括記載了氣候和生物發展的關係。他引用白居易的「人間四月芳菲盡，山寺桃花始盛開」兩句詩，說明各地氣候時令隨地勢高低不同而有先後，因此物候各異。高度增加，溫度減低，植物開花的日期也會隨之推遲。沈括認識到同一種植物會產生不同的品種，它們的發育期也完全不相同。因此在同一種植物之間，物候也是參差不齊的。他又指出南方和北方物候的早晚不一，並以辯證的觀點說明物候並不是固定不變的，植物的生長和發育固然受到氣候的影響而有一定的週期，但人們可利用栽培技術加以控制，如引進新品種、提前播種、注意施肥等等，都可以促使植物的早熟。

對醫藥學的研究

沈括在 18 歲時（仁宗皇祐元年，1049 年），因燈下寫小字患眼疾，得醫人王琪授方治癒，從此研究醫藥，搜集良方治癒過不少危重的病人。

《夢溪筆談》一書對醫藥的記載有 43 條，篇幅也是相當大的。特別要指出的是，沈括對醫藥學與生物學很精通。同時，他的藥用植物學知識也十分廣博，並且能夠從實際出發，辨別真偽，糾正古書上的錯誤。

沈括在《筆談》說明採藥要因地因時制宜，例如古代規定 2 月和 8 月是採藥的季節，但草藥生長由於受自然條件和栽培情況的影響，同時採藥又有取根、取葉、取芽、取花、取實等不同的要求，因此，要根據不同情況選定採藥時間，不可死板地「拘以定月」。

宋代在藥物學方面，取得了光輝的成果。當時的製藥方法，已有了統一的標準。在宋代以前，中國藥物劑型以湯藥為主。《筆談》總結：「古代用湯最多，用丸散者殊少。」從宋代以後，藥物劑型起了很大的變化，湯劑不占主要地位，丸、丹、散、膏受到重視。不僅宋代的官藥局——「熟藥所」製造了大量的丸、丹、散、膏，一般醫家也廣泛應用。選用藥劑全靠良醫的實踐，不可以拘泥於固定的成法。

沈括的醫學著作有《良方》等 3 種（《良方》完成於沈括 61 歲）。現存的《蘇沈良方》是後人把蘇軾的醫藥雜說附入《良方》之內合編而成。

《蘇沈良方》又名《蘇沈內翰良方》，為沈括撰的《良方》與蘇軾撰的《蘇學士方》合編本，刊於宋熙寧 8 年（1075 年），原書 15 卷，現流傳本為 10 卷，所論述範圍廣泛，其中除醫理、方藥、針炙、養生、煉丹等內容外，還論述內、外、婦、兒、五官各科疾病與單方，方藥後附有醫案。所述療法簡單易行，切合實際。有明嘉靖刊本、清乾隆 39 年（1774 年）刊本。

據楊存鐘教授的研究，沈括對醫藥學史的另一重要貢獻是：記載中國 11 世紀從人尿提取和應用性激素的技術。楊教授的論文發表於《北京醫學院學報》1976 年 2 期及《動物學報》1976 年 22 卷 2 期。

球面鏡反射的研究

球面鏡根據反射呈凹形和凸形的不同，分為凹球面鏡和凸球面鏡。物體置於鏡前，能在鏡中成像。凹球面鏡還能使一束平行光線反射後交於一點，這一點叫做焦點。凸球面鏡是發散鏡，那焦點是個虛焦點。由於太陽光線中帶有熱能，聚於一點投到物體，不但亮度大，而且發熱多，能使物體溫度升高而著火。

沈括也做過凹面鏡成像實驗，他把自己的手指當作物體，從鏡面開始慢慢移去。「以一指迫而照之則正，漸遠則無所見，過此遂倒。」即當手指在焦點之內，所成的像是一個正立的虛像，當手指漸漸遠離鏡面，移至焦點時，成像在無窮遠，就「無所見」了。當手指移至焦點之外，就成為倒立的實像了。

沈括並指出使用凸球面鏡中存在的一些問題。當時有人發現有些古鏡呈凸球面狀，而把它磨平，括很不以為然，他認為，古人鑄造反射鏡，大鏡呈平面，小鏡呈凸面。凹鏡照出人臉的像要大些，凸鏡照出人臉的像要小些。用小鏡子看不到人臉的全像，所以把它做得稍突一些，以便使人臉的像變小，而可以看到完整的人臉。造鏡子時要考慮鏡子的大小，以決定增減鏡子的凸起程度，使人臉的像和鏡子的大小相稱。

「透光鏡」的研究

沈括是最早研究和記錄銅鏡是如何透光的。《夢溪筆談》載：「世上有一種透光鏡……把鏡子放在日光下，背面的花紋和20個字都透射在屋壁上，很清楚」沈括經考察後，同意歷來的說法，即由於鑄鏡時薄的地方先冷，背面有花紋的地方比較厚，冷得較慢，銅收縮得多一些，因此，文字雖在背面，鏡的正面也隱約有點痕跡，所以在光線下就會顯現出來。（即由於鏡背有花紋，致使鏡面也呈相似的凹凸不平，但起伏盡小，肉眼不能察見。當它反射光線時，由於長光程放大效應，就能夠在屏幕上反映出來）。以上的解釋，本世紀很多外國科學家也都表示首肯，稱讚沈括的先知先覺。

對其他的科技記載

《夢溪筆談》也記載許多正史不見記載的科學家、工匠、作坊主等及其他的技術，幸虧有這些記載，才使一些科學事蹟不致淹沒無聞。此如：

卷13載：陵州鹽井。有500多尺深，井壁全是岩石，井口、井底都很寬大，只有中部稍窄一些。以前，從井底直到井口外，都用柏木柱支撐井壁，順著木柱放下繩索，才能到達水面。在井旁還安置了大絞車絞動繩索。年代一久，壁柱朽爛，每每需要更新，但井中毒氣襲人，人一下去就會致死，根本無法下井施工。只有等到下雨的時候進井，那時毒氣隨著雨水下沈，才略微可以施工，一旦天晴就要停工。後來陵州推官楊佐創製了一個大木盤，裡面裝滿水，盤底鑿了許多小孔，讓水像雨點似的灑到井中，安置在井口上，稱為雨盤，讓清水整天不停地灑下。這樣經過幾個月，壁柱全部更新，陵州鹽井又恢復了原有的鹽產。

《筆談》中有《樂律》2卷，至今仍然是研究中國音樂史的重要文獻。《樂律》保存了50多條關於音樂的記載。沈括對於古樂鐘的發聲問題作了深入的研究，他正確解釋了古樂鐘為什麼鑄成像片瓦合在一起那樣形狀的原因。從演奏效果看，圓鐘受擊後在快速旋律中，易發生聲波干擾，而古代的扁鐘卻無這種弊病，這種分析契合近代聲學的原理。

琴瑟是利用共振的原理來調弦。沈括的一位朋友家裡有一把琵琶，放在空蕩的房間裡，用笛管吹奏雙調的時候，琵琶弦常常跟著發聲。那位友人以為這把琵琶與普通琵琶不一樣，對它敬若神明。沈括指出這只不過是共鳴現象，沈括又說，琴瑟上都有共鳴現象，例如宮弦和少宮相應，商弦和少商共鳴，一般都有「隔四相應」的規律。

由於共振時弦的振動比較微弱，不易看清楚，沈括即做了一次科學實驗。他剪了一些小紙人放在弦上，每弦一個。然後開始彈奏，除了本身直接被彈奏的弦線以外，另一根與它的音調有共振關係的弦也會振動，上面的那個小紙人就頻頻跳躍，而其他諸弦上的紙人則安然不動。沈括再指出，只要聲調高低一樣，即使是在彈別的琴瑟，相應的弦照振不誤。沈括以紙人演示共振實驗，在世界上同類實驗中，乃是最早的一個。

《筆談》還提及不少宋代科技發達的情形，例如：沈括考察磁州煉鋼作坊後得知當時已掌握了多種冶煉技術，可煉製出不同規格的金屬材料。而青唐羌人把堅鐵冷鍛成「瘊子甲」，以此來增強鐵甲的硬度與韌性。而利用信州的苦泉水（膽矾）提煉銅，這實際上是現代濕法冶金的雛形。

而北宋時代航運發達，造船業興盛。為了修補長達 20 丈的龍舟在汴京金明池建造了船塢。為了改進河道航運條件，在真州運河上大量修建復閘，用它來取代舊有的埭。另提及喻皓對建築學的豐富素養。……。諸如這些也見之該書記載。

外交成就

熙寧 8 年（1075 年）乙卯年，沈括 44 歲，是年 3 月遼國派使臣蕭禧到宋國爭河東路沿邊土地。沈括在樞密院詳閱檔案，了解宋遼以前議定的疆界在古長城，知道遼爭地無據，力以駁斥。

4 月中旬，宋神宗以沈括（時任翰林侍讀學士）為回謝遼國使、李評為副使，出使遼國，商議地界。行前沈括預草遺奏交由其兄雄州安撫副使沈披，向朝廷提出，如和議不成的對遼作戰方案。

行至雄州（今河北省雄縣），被遼留難，不予入境達 20 餘日。

西拉沐倫河，在內蒙古自治區赤峰市，為東蒙古第一大河，古稱潢水，是東蒙南北天然的分野，北為畜牧區，南為農業區。今內蒙古自治區赤峰市境的巴林左旗林東鎮有遼上京遺址，寧城縣有遼中京遺址，為遼史故地。沈括代表宋廷出使遼朝，經過遼中京與西拉沐淪河上的潢水石橋，才抵達遼帝的永安山（慶雲山）的捺鉢（行宮）之地。

潢水石橋（資料照片）原橫跨西拉沐倫河上，清代曾加整修，俗稱巴林石橋。在宋人的《行程記》中可屢次見到記載，這裡是宋代南北使者，時常經過的地方。石橋今已不存，原址在內蒙古自治區赤峰市境。

5月，沈括抵契丹北部的永安山行宮（請參閱本章的章頭圖），面見遼道宗耶律洪基，據理力爭領土之事，經過6次辯論，取得勝利。

6月，沈括啟程回朝，途中將遼國山川險易迂直、風俗之純龐，人情之向背，以繪圖加上說明，撰成《使契丹圖抄》2卷，呈給朝廷。

沈括並將此次使遼前後的奏章及在遼廷辯論的資料，編輯為《乙卯入國奏請》；而使遼的行程也逐日記錄，另撰有《入國別錄》，以供朝廷參閱。

《使契丹圖抄》與《入國別錄》，均為現今研究11世紀遼國的地理、風俗的重要著作。《使契丹圖抄》傳世的版本不多，且均無圖，傳世的《長興集》缺略甚多，《使契丹圖抄》即為其中之一，目前，僅能從《永樂大典》本中輯錄。《入國別錄》原書已散佚，李燾《續資治通鑑長編》有部分引錄。

史筆直書不諱

《夢溪筆談》不但記載自然科學（數學、地質學、物理……等207條，占全書 35.4%），也記載人文科學（考古學、音樂學……等 107 條，占全書18.3%），甚且記載當代的人文資料（官場、法律、軍事……等270條，占全書 46.2%），以上分類及統計數字根據李約瑟著《中國的科學與文明》第 1 卷，第6章。

在這些人文資料中披露了當時很多的歷史事實，如李順領導的民變，是因官吏貪暴引發的，李順提出了「均貧富」的綱領。江淮發運使李溥，用官船裝運財寶進京行賄，又借進奉茶綱為名，大肆貪污自肥，假公濟私的行徑，沈括

州塔。位於內蒙古自治區赤峰市巴林右旗。遼景福 2 年（1032 年），遼在慶雲山下營建慶陵，同
建慶州於慶陵南為奉陵邑。遼重熙 18 年（1049 年），位於慶州城內的釋迦如來舍利塔竣工落成。
角 7 級，樓閣式磚木混合建築，塔高 73.27 公尺。沈括曾於熙寧 8 年（1075 年）出使遼國，並於
州之北 10 公里地的永安山（又稱慶雲山，為遼慶陵的陵山）謁見遼道宗耶律洪基。

在《夢溪筆談》中也給予譴責。

另外，對於廉潔奉公的賢臣良吏，沈括給予充分的肯定和讚揚。沈括 19 歲時（皇祐 2 年，1050 年），因父改官明州（今浙江省寧波市），寄居母舅家中讀書，親歷吳中（今江蘇省蘇州市）大饑荒，沈括晚年在《筆談》中追憶范仲淹救災事，當時范仲淹遇天災不是敷衍推卸責任，而是想盡辦法賑濟災民，一代賢臣天地正氣的義行，令沈括相當感動。范仲淹慨然「以天下為己任」、「先天下之憂而憂，後天下之樂而樂」（范仲淹〈岳陽樓記〉）的崇高志節對沈括日後能夠立德、立功、立言有深遠的影響，沈括在《筆談》中一再對范仲淹推崇備至。

現代對《夢溪筆談》一書投注研究而獲得豐碩成果的學者，在大陸為胡道靜教授，在台灣為清華大學歷史研究所傅大為教授，在日本有藪內　清教授，在英國有李約瑟博士。

結語

沈括一生勤勉好學，實事求是，不講排場，不拘名位，為人守正不阿，在官場上對國家社會有大貢獻，在學術上多所發現，並體現了學問為濟世之本的偉大目標。

《夢溪筆談》一書，為沈括思想的總結，這是沈括根據科學實踐與平生見聞而著此書。總計為 30 卷，包括《筆談》26 卷、17 門；《補筆談》3 卷、現僅有其中 11 門；《續筆談》1 卷、不分門。自然科學條目居全書 3 分之 1，為中國北宋時代科技成就的總結。另有大量條目記載當代政治、軍事及傳聞軼事、藝文掌故、古代音樂演進記述亦甚為翔實。但因沈括所處的時代因素的限制，《筆談》也間涉宿命與陰陽五行之說，這事是不能苛責沈括的，因為今天學者們的科學態度是經歐洲的啟蒙運動（Enlightenment Movement）眾多啟蒙哲學家之力，才領悟出來的自然神論（Deism），時間約晚沈括 6、7 百年左右。人們應將這些離奇的事項，找出其科學的理由，賦予科學與人文的解釋。

元人修《宋史》，其中〈沈括傳〉稱沈括「博學善文，於天文、方志、律曆、音樂、醫藥、卜算，無所不通，皆有所論著」。《四庫全書總目提要》在著錄《夢溪筆談》時也說：「括在北宋，學問最為博洽，於當代掌故及天文、算法、鐘律尤所究心。」

重要參考資料

《宋史・沈括傳》。《長興集》。

宋・沈括撰，胡道靜校注《新校正夢溪筆談》中華書局香港分局，1995 年。

李文澤、吳洪澤譯《夢溪筆談全譯》巴蜀書社，1996 年。

吳以寧《夢溪筆談辨疑》上海科學技術文獻出版社。

《中國大百科全書・中國歷史・沈括條（胡道靜撰）及膠泥活字版、縷懸法指南針照片》，1992 年。

傅大為〈夢溪筆談的佛牙神奇—略談「迷信／科學」的心理叢結〉，《當代》1998 年 6 月號。

不著撰人《宋遼金史話》木鐸出版社，1988 年。

王錦光、洪震寰《中國古代物理學史話》明文書局，1981 年。

北京天文館編《中國古代天文學成就》北京科學技術出版社，1987 年。

趙永春編注《奉使遼金行程錄》吉林文史出版社，1995 年。

劉昭民等著《中國科技家小傳》臺灣商務印書館，1990 年。

趙榮《中國古代地理學》臺灣商務印書館，1993 年。

湛穗豐、吳洪印《中國古代著名科學典籍》臺灣商務印書館，1994 年。

蔣秋華著《沈括—中國科學史上的座標》幼獅文化公司，1990 年。

張潤生、陳士俊、程蕙芳《中國古代科技名人傳》貫雅文化公司，1996 年。

黃懋胥《中國工程測量史話》廣東省地圖出版社，1996 年。

〔日〕藪內　清著、李淳譯《中國的科學文明》文皇出版社，1976 年。

不著撰人《中國地理史話》明文書局，1980 年。

張暉《宋代筆記研究》武漢，華中師範大學出版社。

中國歷史博物館編《圖說中華五千年》天津人民美術出版社及香港三聯書店聯合出版。

本文原載《牛頓雜誌》178 期，1998 年 3 月號，2007 年 12 月根據新資料增訂。

郭守敬

元代傑出的天文學家、數學家、水利專家和儀器製造家。他在世界科學史上創了 4 個第 1：製造了簡儀，比丹麥天文學家第谷製作的同類儀器早 300 年；編製的《授時曆》，其精確度與現在的陽曆幾無差異，但卻比公曆的產生早 301 年；他在製曆時創立的「招差術」比著名的科學家牛頓提出的同類公式早 396 年；他也是最先提倡「海平面」為零點的概念，比德國科學家高斯提出的同一概念早 560 年。

盧溝橋。金代建造，郭守敬曾引盧溝水重開金口河。

郭守敬的少年時代

郭守敬，生於元太宗（窩闊臺汗）3 年（1231 年），卒於延祐 2 年（1316 年）。

守敬字若思，順德邢臺（今河北省邢臺市）人。早年喪父，由祖父郭榮扶養長大。郭榮精通《五經》、算數、水利。

守敬幼承家學，少年時期在邢臺西側的紫金山拜劉秉忠為師。劉秉忠是精通天文、地理、城市設計的學者，所以守敬少年時代在數學、水利、天文等方面都受到良好的教育。

守敬 15、6 歲時得到 1 幅宋朝人燕肅創制的計時器〈蓮花漏〉的圖樣，這是 1 套漏壺的組合，利用滴水來計算時間，一般人都不懂它的原理，守敬卻能盡究其理。守敬還根據《尚書》中的〈璇璣圖〉用竹篾親自製作了 1 架渾天儀，把它裝置在自己填土堆積的小土臺上。在晴朗的夜晚，用來觀測 28 宿。中國人古代的天文觀為 3 垣 28 宿，即紫微垣、太微垣、天市垣及蒼龍 7 宿（東方）、白虎 7 宿（西方）、朱雀 7 宿（南方）、玄武 7 宿（北方）和其他星座。

順德城北原有 1 座石橋，後為泥沙淤沒，不知所在。當時 20 歲的守敬，根據對水利工程的知識，實地考察了地形的變化，找到了石橋的原址與原有的河道。在他負責指導下，動員邢州鄉親疏濬，終於疏通了淤塞多年的河道，並重新建造 1 座比以前更堅固的石橋。

受忽必烈汗賞識

元世祖中統 3 年（1262 年），守敬 32 歲時，由於劉秉忠的同學左丞相張文謙的推薦，說他「習水利，巧思絕人」。忽必烈汗在上都（今內蒙古正藍旗五一牧場境內，閃電河北岸的沖積平原上）召見他，守敬面陳水利，建議 6 條，即被任命為提舉諸路河渠，負責發展水利事業，後又加授副河渠使。

修復西夏古灌溉渠

元世祖至元元年（1264 年），守敬隨張文謙行省西夏（今寧夏一帶），

郭守敬像。陳列於北京積水潭地鐵站附近的郭守敬紀念館內。附近有匯通祠，重修於乾隆 26 年（1761 年），修地鐵時曾拆除，現已重建。郭守敬紀念館選在什剎海的最上端，正當北京城內南北 6 海進水的咽喉，也恰在元代都水監的附近。另郭守敬的故鄉河北省邢臺市也有規模可觀的郭守敬紀念館。

修濬了境內的唐來、漢延等古渠，更立閘堰，使當地農田得到灌溉。當地人民為紀念他的造福，在渠上為他建立了生祠。不久郭守敬升官為都水監。

重開金口河

金大定 12 年（1172 年）在北魏戾陵堨的故跡上，從燕京的西郊麻峪村

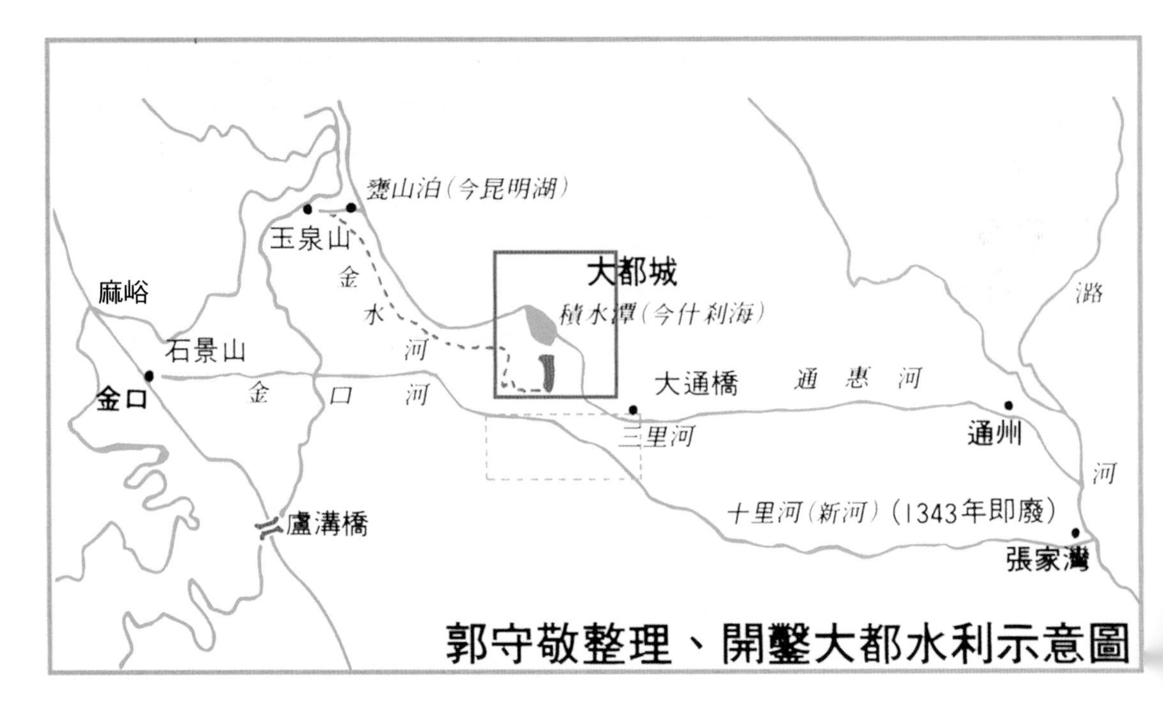

（今石景山附近），分引盧溝一支東流，穿西山而出，是謂金口。其水自金口以東，燕京以北，灌田若干頃，其利不可勝計。兵興以來，守河的官吏，怕有所失誤，因此用大石將之堵塞。

元定都燕京，為了航運，至元2年（1265年），守敬提出重開金口，「上可致西山之利，下可廣京畿之漕」，總結金朝治河失敗的原因，而在「金口西預開減水口（洩洪道），西南還大河，令其深廣，以防漲水突入之患」。

元世祖採納這項建議，於至元3年（1266年）12月「鑿金口，導盧溝水，以漕西山木石」。這次重開金口，由於設計周密，使之成功地使用了30年。

當時由於修建元大都，金口河在時間上急迫解決所需西山建築材料的運輸問題，同時還可以在河水所經之農田解決灌溉問題。但是金口河落差較大，河水渾濁，日久泥沙必淤積成患，於是後來又有通惠河的開鑿。

開金水河以供宮廷用水

至元4年（1267年）正月，濬太液池（今北京北海一帶）、派玉泉、通金水。

金水河是專供宮苑用水的。「泉極甘洌，供奉御用」，此時大都城剛剛開始修建，金水河就已貫通，其水從和義門（今西直門）南水門引入城中，注入太液池，然後經宮城過周橋、東入通惠河。

.代《盧溝運筏圖》。郭守敬鑿金口，導盧溝水，以漕西山木石。北京，中國國家博物館藏。

元大都安貞門附近的元代護城河。

金水河又稱「御溝」，有專用的渠道，經運石大河及高梁河、西河，俱跨河跳槽。「跨河跳槽」工程，最初可能是採用木架槽（後來也可能改為石橋），其建築形式可能是先架設一木橋，橋上用石板砌成長方形石渠，接縫處都須用灰麻及油艌以防漏水。

《授時曆》的編製

至元 13 年（1276 年），都水監併入工部，守敬任工部郎中。同年，元世祖攻下南宋首都臨安（今杭州市），中國統一。為了鞏固統治，根據劉秉忠生前的建議，元世祖下詔組織曆局，以編製新曆。以張文謙為主要負責人成立太

北京故宮午門以北的金水河。郭守敬開金水河以供宮苑用水。此為元、明、清三代的皇宮內之金水河。

史局，王恂負責具體事務和曆法計算工作。由王恂推薦，調守敬參加修曆，負責研製儀器和進行觀測。至元 15 年（1278 年），太史局擴建為太史院，王恂任太史令，守敬為同知太史院事，建立了司天臺（地址在明清貢院，即今北京建國門內中國社會科學院附近）。工作了 4 年，新曆於至元 17 年（1280 年）基本完成，元世祖以《尚書》：「敬授天時」之義，定名為《授時曆》，意即告訴百姓良時佳日，不要錯過農稼好時節。

北京故宮太和殿前的中國古代的計時器——日晷。

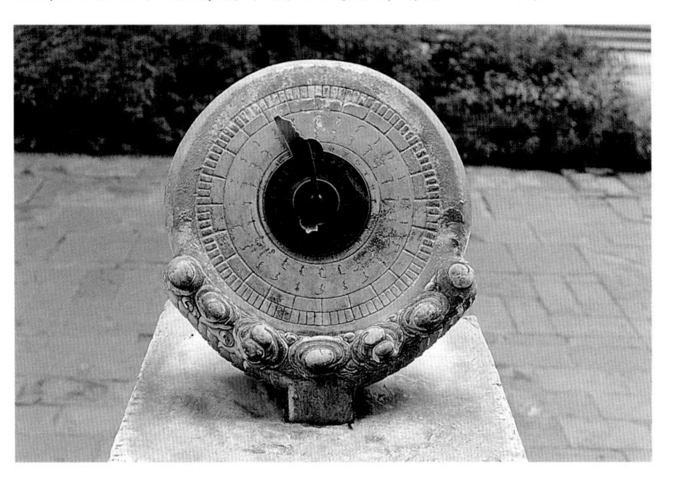

北京故宮寧壽宮內的日晷。

《授時曆》頒行於至元18年（1281年），一直沿用到明崇禎17年（1644年），使用了364年，是中國歷史上使用最長的一部曆法。

守敬在制定《授時曆》之初，提出「曆之本在於測驗，而測驗之器莫先儀表」（《元史・郭守敬傳》）。當時，大都城（今北京城）保存宋代的天文儀器，由於地理緯度的差異而無法使用。他便從事觀測儀器的創制。3年之內，先後製造了：玲瓏儀、簡儀、渾天儀、仰儀、高表、立運儀、證理儀、景符、窺几、日月蝕儀、星晷定時儀、候極儀、正儀、正方案和正儀座等。

元代以前，觀測天體主要用渾儀。隨著觀測項目的增加，渾儀的結構愈來愈複雜，後來竟把代表3個不同坐標系統的八九個圓環組織在一台儀器裡，交錯套迭，以致運轉困難，不少星象被陰影遮蓋，影響觀測。郭守敬簡化渾儀為赤道座標與地平座標兩大系統。他廢除了黃道座標環組，把地平和赤道兩個環組分解成為獨立的裝置，只保留了渾儀中的四游、百刻、赤道、地平4個環，增加1個立運環。

簡儀的地平裝置是「立運儀」，它包括一固定的地平環（陰緯環）和一直立可旋轉的「立運環」。這立運儀在中國儀器史上尚屬首創，其可同時量測天體的地平方位及地平高度；其結構與近代測量上實用的經緯儀、航空導航羅盤同類型。它獨立之赤道裝置（赤道儀與四游儀），是近代許多測量儀器構造的鼻祖。

簡儀上最小的分格可到三十六分之一度，用它測出的二十八星宿距位置，比北宋姚舜輔等人所測算的精確度還提高一倍，在中國古代是最準確的。簡儀的創製，是中國儀器製造史上的一次創舉；不但是世界科學發展史上的珍貴例證，也是現代天文望遠鏡的先驅。簡儀比丹麥天文學家第谷（Tycho Brahe）於1598年發明的性能相近的儀器早322年。元製簡儀本安置於大都司天台。現存的簡儀為明正統二年（1437）按照守敬原式仿製的，現陳列於南京紫金山天文臺。

《授時曆》的特點在廢除了沿用已久的繁瑣的上元積年、積日法，它以至元17年（1280年）的冬至時刻為計算起點，以至元18年（1281年）為開始之年。所用數據，個位數以下一律用百進式的小數制，取消了用分數方式表示的舊習。在計算日、月、5大行星的運行和位置中，他與王恂等創立了招差術，用等間距3次差內插法進行計算。自漢朝以來的天文學家都認為黃赤交角（黃道平面與赤道平面的交角，是天文學上最基本的數據之一。）是24度，但守敬表示懷疑，便用新儀器重新測得黃赤交角數據，據《元史・郭守敬傳》記載是23°90'（《曆志》載為23°90'30"），歸算成360°制則為23°33'23"（依

簡儀為元代郭守敬設計，此為皇甫仲和仿製於明正統 2 年（1437 年）鑄造的原件，原存北京，1931 年運往南京紫金山天文臺。簡儀為郭守敬所創造，該儀在構件和使用上都比渾儀來得簡單。元代郭守敬所製的簡儀於康熙 54 年（1715 年）被傳教士紀理安（B. Kilian Stumpf）當作廢銅給熔化了。

《曆志》為 23°33'34"）；近代計算值是 23°31'58"，其誤差僅為 1'4"或(1'5")。18～19 世紀法國著名天文學家拉普拉斯（Laplace，1749～1827）在提出黃赤交角逐漸變小的理論時，曾引用守敬的測定值作為依據，並給予很高評價。

王恂、守敬等人完成《授時曆》的編撰之後，著手整理各種觀測資料，編寫有關數據用表。至元 18 年（1281 年）年僅 46 歲的王恂逝世，守敬便擔起了繁重的工作任務，至元 23 年（1286 年），升任太史令。他完成了多種天文曆法的著作，如《推步》7 卷、《立成》2 卷、《上中下三曆注式》12 卷、《時候箋注》2 卷、《修改源流》1 卷、《儀象法式》2 卷、《二至晷景考》20 卷、《五星細行考》50 卷、《古今交食考》1 卷、《新測二十八宿雜坐諸星入宿去極》1 卷、《新測無名諸星》1 卷、《月離考》1 卷……等，達 105 卷。

郭守敬的天文觀測總部——太史院

元末明初，由於戰亂，元司天臺的全部建築已不存在。明初定都南京，把殘存的元代天文儀器運到南京雞鳴山上。明成祖永樂 19 年（1421 年）遷都北京，但沒有運回北京。當利瑪竇(Matteo Ricci)在南京看到守敬所製天文儀器，盛讚其精確度；湯若望(P.J.Adam Schall von Bell)甚至稱守敬為「中國的第谷」。惟南京與北京緯度不同，而且明朝的天文官吏也將這些儀器位置擺錯，故無法精確使用。

根據元代學者楊桓所著《太史院銘》，可以復原出元朝太史院的布局。楊桓寫著：太史院在大都城的東墉下，院牆長 200 步（約 123 公尺），寬 150 步（約 92 公尺），院內的主體建築是 1 座高 7 丈的 3 層靈臺。靈臺的下層南屋是太史令（相當於現今天文臺臺長）等主管人員的辦公室。太史令下設推算、測驗、漏刻 3 個局，共有工作人員 70 人。其中推算局在朝室（向東的房間）；測驗、漏刻 2 局在夕室（向西的房間）。陰室（向北的房間）為儀器儲存室。靈臺的第 2 層，按八方（即離、巽、坤、震、兌、坎、乾、艮）分成 8 個房間，圖書、資料、蓋天圖、渾天象、水運渾天、漏壺等，分門別類，各置一室。靈臺上層安放著簡儀和仰儀。簡儀的底座上設有正方案。靈臺的左側建有 1 座小臺，上面放著玲瓏儀；右側建有 4 丈高表，表前為堂。靈臺南側的東西兩角為印曆工作局，再向南是神廚和算學。

至元 16 年（1279 年），在守敬領導下展開了大範圍的天文測量，《元史・郭守敬傳》載：「當時四海測景之所凡二十有七，東極高麗，西至滇池，南踰朱崖（西沙群島），北盡鐵勒（西伯利亞）」。即東至東經 128°，西到東經 102°，南起北緯 15°，北至北緯 65°的廣大區域內。主要進行了日影、北極出地高度和二分二至日晝夜時刻的測定。測出的北極出地高度的平均誤差只有 0.35。並對全天業已命名計數和尚未命名的恆星作了較為全面的位置測定。這些觀測都為制定《授時曆》打下了堅實的基礎。

觀星臺——郭守敬使用過的天文臺

守敬觀測天文的遺跡，至今有的還能看到。位於河南省登封市告成鎮的觀星臺為守敬造於至元16年（1279年），作為「四海測驗凡27所」中的1所，它主要是通過測量日影的長短來確定冬、夏之分，緯度的高低和1回歸年的長短的天文建築物。觀星臺的形制，主要由1覆斗式磚臺和量天尺組成。

觀星臺高9.46公尺，連同臺頂小室，通高12.62公尺。臺頂每邊長8公尺多，臺基每邊長16公尺，四壁有明顯收分。臺的北側正中，砌成1個上下直通的「凹」形直槽，槽的東西兩壁有收分，唯有南壁上下垂直。石圭上平至直壁上沿的高度為36尺多，從表槽上沿再向上4尺，有2龍擎起水平橫樑，共為40尺。這就是守敬在元初儀表改革中，新創的一種40尺高表。高表下面，自南向北，由36方青石接連平鋪而成的石圭，又叫「量天尺」。石圭南端與直壁相距36公分，圭長31.196公尺，寬53公分。圭表測影，首先要驗證石圭是否準確，即石圭的方位是否與當地子午線的方向相符合。經北京天文臺實測證明，石圭南北方位，與今測子午方向相符。又經有關部門測定，石圭的水平程度也是較好的。石圭的圭面刻有雙股平行水道，水道南端有注水池，呈方形；北端有洩水池，呈長條形，東西兩頭鑿有洩水孔。注水後可自灌全渠，不用渠時，水可自行排出。

測影時，為了克服表高影虛的缺陷，根據《元史》的記載，石圭上放1個根據針孔成像原理製成的「景符」，用以接受日影和樑影。日中時「景符」北面呈現出1顆晶瑩的太陽倒像，大如米粒。南北移動景符，景符針孔下又出現1根平分日象、清晰實在細若髮絲的樑影，這就是當天的中晷長度。因樑影細實，日象清晰明亮，所測誤差極小。

由於儀表先進，測驗廣泛、次數頻繁（在大都城即有200次），所以反映在元代新製的《授時曆》上。《授時曆》所定1回歸年長度為365日24刻25分（古時每日分為100刻），合今365日5小時49分12秒，與現代測定1回歸年長度為365日5小時48分46秒相比，年差僅26秒，與今世界上大多數國家所用的《格里高利曆》（Gregorian calendar，即《陽曆》）相比，則分秒

元代的觀星臺。在河南省登封市告成鎮，為中國現存最古老的天文觀測建築。郭守敬曾在此測驗過晷景。

不差。《格曆》是公元 1582 年由羅馬教皇格里高利 13 世（Gregory XIII）頒行的，較《授時曆》晚 301 年。

觀星臺除了具有測量日影的功能之外，還有觀測星象和記時功能的作用，所謂「晝參日影，夜考極星，以正朝夕」。元代初年進行「四海測驗」時，在此地觀測北極星的紀錄，已載入《元史・天文志》：「河南府陽城，北極出地 34 度太弱」，陽城是今登封市告成鎮附近的古名。明萬曆 10 年（1582 年）孫承基撰《重修元聖周公祠記》碑載：「磚甃臺以觀星。臺上故有滴漏臺，滴下注水，流以尺天」。

招差術的使用

守敬雖未使用今日所用的正弦、餘弦等名稱，（當時稱「勾」、「股」等），但仍足以稱「他的球面三角法，是與赤道、黃道，以及月球進路在天球上相交，構成的球面圖形有關的……守敬使用過4次方程式，與稱為『招差』的求冪級數之和的方法。後面這個方法用在找出A、B、C諸常數值，以使一個觀察量X能隨另一個量n的所有各值，用 $AX + BX^2 + CX^3$ 去預言它。這就是我們今日的差分法……這套方法，都是用在計算太陽實際運動的角速度。」

在古代天文學中，推算日、月及5星的運行位置是個重大難題。在先秦時代，等差級數求和的公式已經求出，到了宋、元時代，數學家輩出，並在累積一、兩千年的天文觀測資料下，數學與天文學家逐漸理解天體運行規則。守敬在編製《授時曆》當中，創立了「招差術」。招差術就是使用多項式求函數近似值的方法。運用招差術，首先建立了天體視象運動的數學公式，這是宋、元數學家之功績。

通惠河的開鑿

元朝在今北京定都，從江南徵調來的數百萬石糧食水運到通州後，只得靠人力、牲畜和車輛陸運進京，倍嚐艱辛，根據史料的記載：「方秋霖雨，驢畜死者不可勝計。」

至元28年（1291年），守敬61歲，兼領都水監事，領導開闢大都水源的白浮堰，開鑿由通州到大都積水潭（今北京市什剎海）的大運河最北一段——通惠河的修建工程。

通惠河源自北京北郊昌平區境內，經過甕山泊（今昆明湖），沿十里長河到城北古剎匯通祠處，始入北京城區（首迎西山之水的為趴臥在匯通祠後的漢白玉石雕——「鎮海石螭」），再東出通州，入北運河，全長82公里，置閘壩24座。至元29年春天起至30年秋天（1292至1293年）通惠河鑿成。

那時大都城與其北邊的昌平區之間，距離約40公里，地面高度自西北向

高梁橋附近的高梁河。由甕山泊（昆明湖）到積水潭的通惠河也稱高梁河。

東南由海拔 60 公尺左右降至海拔 50 公尺左右。沙河和清河皆由西山山麓分別向東和東北流，會合後又向東注入白河。這樣，在昌平與大都之間就存在著兩條河谷低地。這就成為引導昌平、西山一帶泉水向東南流貫大都的地形上的不利之處。

守敬通過親身的實地考察和精確勘測，選定了 1 條可以克服自然條件的限制而取得豐富水源的路線，即自昌平東南白浮村（甕山泊北 20 公里）神山（即鳳凰山）山麓起，開 1 條渠道引白浮泉（今龍泉，海拔 55 公尺）水西行，然後大體沿 50 公尺的等高線轉而南下，避開河谷低地，沿途攔截沙河、清河上源及西山山麓諸泉，注入甕山泊（又稱七里濼，海拔 40 公尺）。沿渠還築有堤堰，這就是著名的白浮堰。（由白浮泉到甕山泊這段長約 35 公里的堤堰，因山洪沖毀，早已湮廢。但令人驚訝的是近代北京開鑿的京密引水渠——也是白浮泉到甕山泊的渠道，竟與守敬當年修築的堤堰路線基本吻合。）

再由甕山泊開河引水，接上源出今西直門外紫竹院公園東流的古高梁河。經今德勝門西水關入大都城，南聚積水潭（今什剎海、後海、前海）。再由積水潭東岸開河經海子橋、東不壓橋胡同、北河胡同、水簸箕胡同，向南順北河沿大街、南河沿大街東南流出文明門（今崇文門北），經大通橋（今東便門

頤和園昆明湖。昆明湖元代稱為甕山泊，被郭守敬用來作通惠河的兩大調節水庫之一（另一為北京什剎海）。

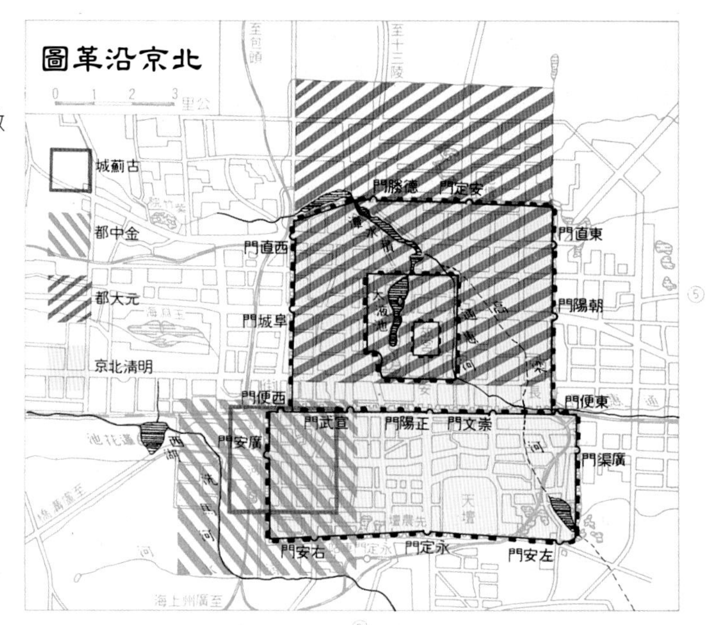

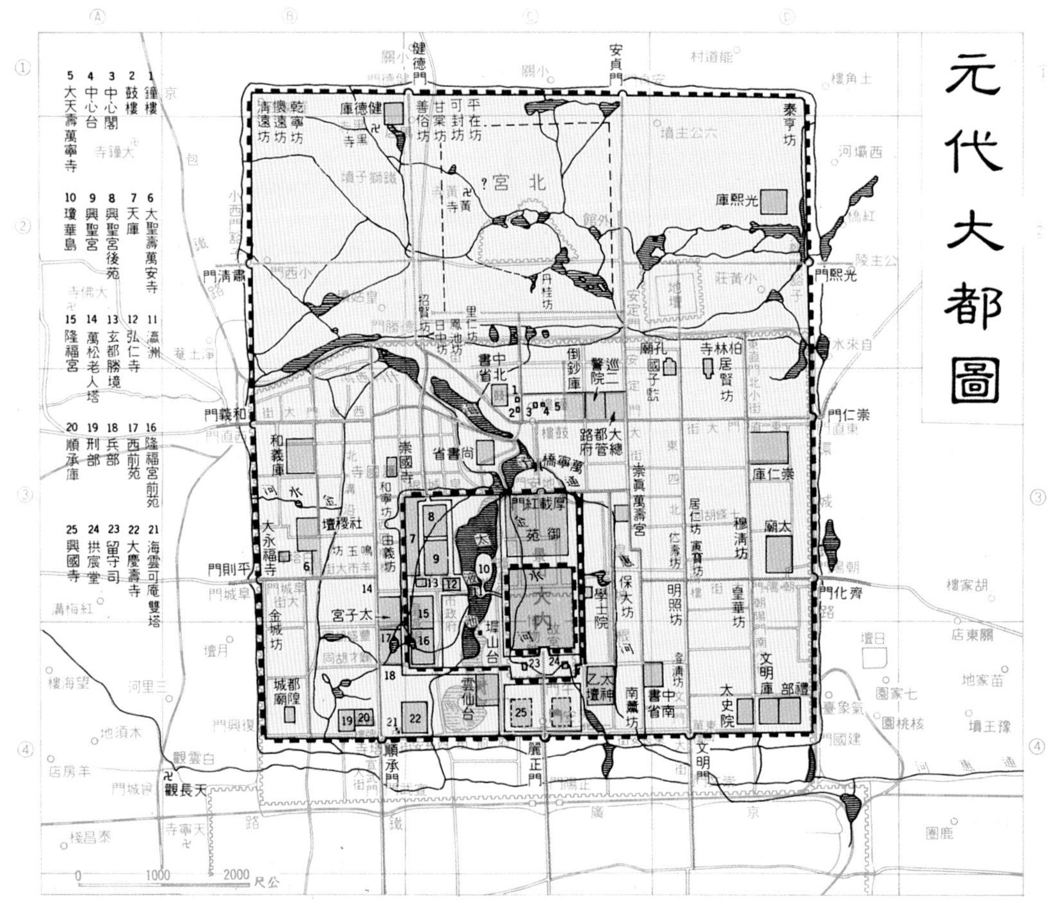

以上二圖為謝敏聰編繪，收入張其昀監修，程光裕、徐聖謨主編《中國歷史地圖》下冊，台北，文化大學出版部，1984 年。

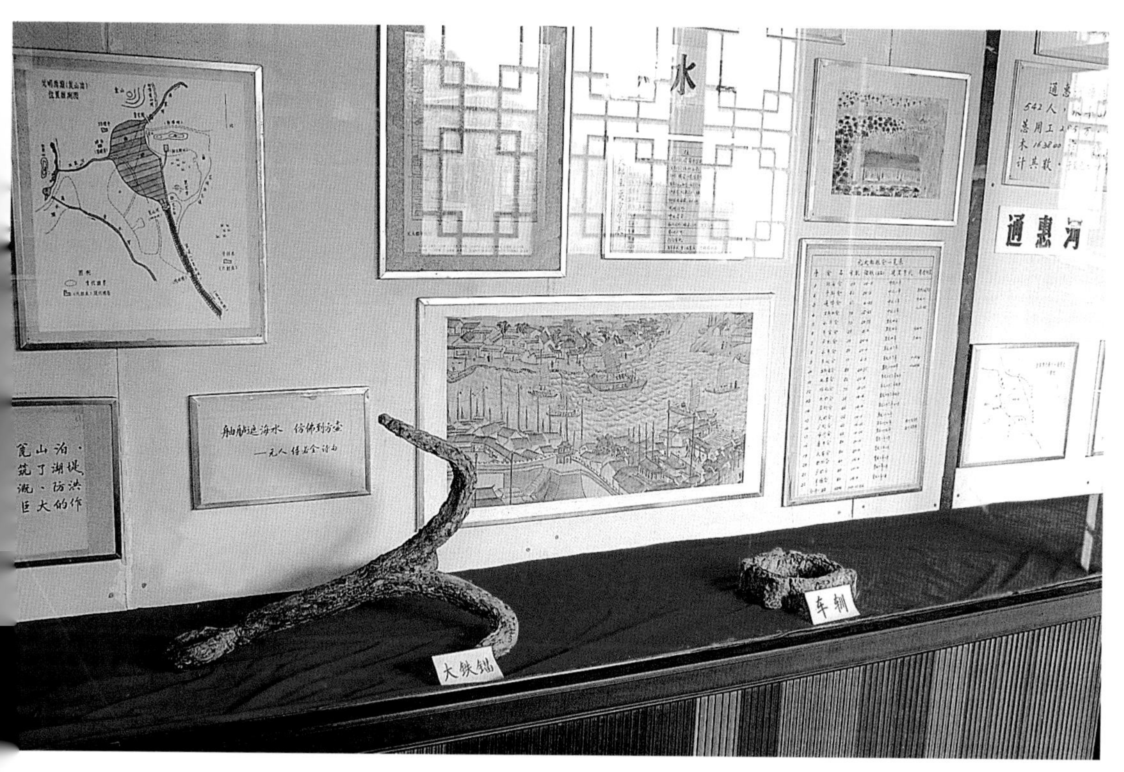

大鐵錨（左下）車軔（右下）。北京，郭守敬紀念館展覽情形。

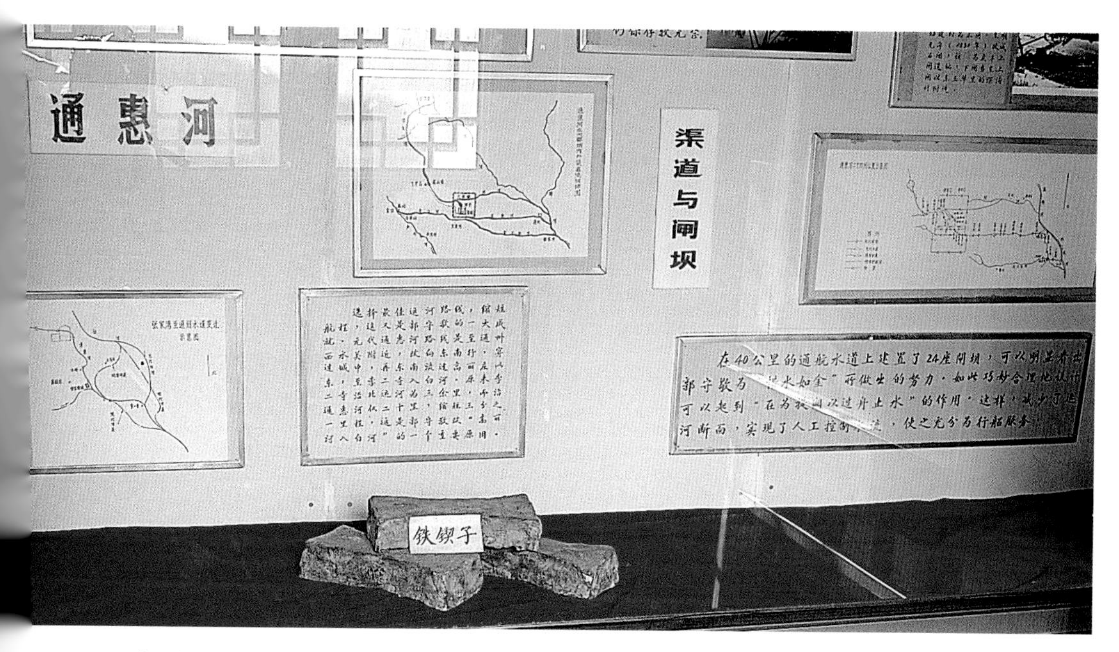

鐵鍥（錠）子。《析津志》記載：「大都，凡橋樑閘石壩堰，俱以生鐵鑄作錠子，陷定石縫。」元代建一石閘往往耗鐵2、3萬斤。北京，郭守敬紀念館藏。

北京萬壽寺前的長河。

香林千衲圖。清代宮廷繪製。描寫乾隆 26 年（1761 年），乾隆皇帝的母后慈寧皇太后 70 大壽，萬壽寺前的長河北岸僧眾們聚集，南岸戲班唱戲，恭候乾隆皇帝與皇太后的到來。

廣源閘(一)，在萬壽寺前的長河上。

廣源閘(二)，廣源閘為通惠河西起第 1 閘。

冬天結冰的什剎海。什剎海元代稱為積水潭，當年漕船可從杭州直接抵達這裡。那時港內「舳艫蔽水」，岸上車水馬龍，酒館菜肆、商賈戲班雲集，盛極一時。到清代德勝橋以西的水面仍稱積水潭。元代的積水潭比今日的什剎海面積大得多。

外）入舊運糧河，東流 20 公里，到通州高麗莊接上白河，這就是通惠河，以甕山泊及積水潭為調節水庫。

守敬開挖通惠河，儘可能利用金代閘河故道。由於大都地勢高出通州 4 丈，和金代開挖「閘河」一樣，沿河也是設置牐壩，調節水量，控制水深，以利通航。

守敬選定的這一條路線解決了金代開挖閘河時所不能解決的沙多、水少、流急的難題。他遠引沙、清河源的白浮等泉水，西經西山山麓再東南流，水清、量大、地平、流緩。因地制宜，極其科學地利用了水源和地形條件。由於白浮堰下游流貫皇宮之內，又有金水河之稱。

通惠河鑿成後，江南漕船、貨船，由杭州直抵大都城內，積水潭成為「舳艫蔽水」的繁華碼頭，運糧的最高年分為至治元年（1321 年）的 189 萬石。

通縣通惠河上的八里橋。明正統 11 年（1446 年）建。長約 60 公尺，寬約 15 公尺。

不過，海運也還同時進行。

明成祖於永樂 19 年（1421 年）遷都北京，在修改北京城時，將大城城址南移，積水潭西端的一部分被隔在城外。同時把元代在城區的兩段通惠河故道圈入皇城內，通惠河被截斷了。從此，南來的船舶再也不能停泊在積水潭上，通惠河上段河道廢棄。明正統三年（1438 年）在東便門修建了大通橋閘，成了通惠河新的終點碼頭。明末，開闢了北支，通惠河由東便門可直達朝陽門。清康熙 36 年（1697 年），挑挖東護城河，引漕船北上可直達東直門。因此，明、清時期在朝陽門內和東直門內建造了許多糧倉。許多倉名進入了北京街巷名稱行列，一直保留至今，如：海運倉、祿米倉、白米倉、新太倉等。而積水潭日益淤塞，湖面逐漸縮小，成為御廄洗馬的地方。不少達官貴人競相在湖邊修建別墅水榭，成為著名的風景區。明清兩代，漕運碼頭移到東便門外的大通橋或通州的張家灣或天津的楊柳青了。

東不壓橋與西壓橋——研究北京城水系變遷的實物資料

東不壓橋亦稱布糧橋。東西走向，在今地安門大街，東不壓橋胡同南口西側。舊時，什剎海之水經此橋流入皇城內玉河，瀉入護城河。1955 年，將河道改為暗溝，東不壓橋亦被拆除，但留下橋拱，埋入地下。1998 年修平安大道，重新挖掘出來，不久又回埋。所以叫東不壓橋與皇城及北海後門的西壓橋有關。西壓橋那裡的皇城城牆從橋上而過，故曰「壓」。東不壓橋一帶的皇城與橋留有一段距離，故曰「不壓」。兩橋東西相對，故一曰「東」，一曰「西」。

東不壓橋胡同原稱馬尾巴斜街，位於東城區西北部，北起帽兒胡同，南至安定門東大街。因橋得名。是一條沿水道而形成的斜巷。乾隆時稱馬尾胡同。所以稱「馬尾」或「馬尾巴」，均是取其形狀彎曲而謂之。民國 36 年（1947 年）此巷又改稱東不壓橋東胡同。具體的起始是，從今帽兒胡同西口，至今東不壓橋胡同南口。因位於東不壓橋之東，故稱東不壓橋「東」胡同，特加「東」。其西為河道,再西為河道的西側，稱「河沿」。1965 年將河沿、口袋胡同併入，稱今名。

結語

至元 31 年（1294 年），守敬任昭文館大學士兼知太史院事，朝廷不許守敬卸職，任事直到延祐 2 年（1316 年）去世為止，享年 86 歲。

守敬的一生無論在天文、數學、水利的研究，在當時世界上都是處於領先地位，另在測量技術上「嘗以海面較京師至汴梁（今開封）地形高下之差」，首先提出了「海平面」的概念。這些嚴謹的科學精神與態度，令人十分欽佩。

1967 年，國際小行星研究會批准中國科學院紫金山天文臺把在 1964 年發現的編號為 2012 號小行星，正式命名為「郭守敬星」。1981 年，國際天文學會在北京召開會議，隆重紀念郭守敬誕辰 750 週年，國際天文學會，將美國在月球上發現的一座環形山命名為「郭守敬山」。

重要參考資料

《元史・郭守敬傳》。《元史・河渠志》。

北京天文館編《中國古代天文學成就》北京科學技術出版社，1987 年。

鞠繼武、潘鳳英《京杭運河巡禮》上海教育出版社，1985 年。

《中國古運河》讀者文摘遠東有限公司，1990 年。

《中國大百科全書・中國歷史》中國大百科全書出版社，1992 年。

華聲、楊義《旅遊與天文》中國旅遊出版社。

李東生、崔振華《中國古代曆法》新華出版社，1992 年。

伊士同〈郭守敬研製的儀器及其下落〉收入《中國天文史文集》第 6 集，科學出版社。

劉昭民〈郭守敬〉收入《中國科技家小傳》臺灣商務印書館，1990 年。

不著撰人《嵩山文物簡介——觀星臺、古陽城、石淙河》未標明出版社及出版年月。

潘鼎、向英《郭守敬》上海人民出版社，1980 年。

蔡蕃《北京古運河與城市供水研究》北京出版社，1987 年。

首都博物館編《元大都》燕山出版社，1989 年。

莫宗堅〈中國數學簡史〉收入郭正昭、陳勝崑、蔡仁堅合編《中國科技文明論集》牧童出版社，1978 年。

李約瑟著、陳立夫主譯《中國的科學與文明》臺灣商務印書館，1980 年。

孫機〈簡儀〉，中國大百科

Http://www.btxx.cn.net/jdwhj/pi...

http://www.oldbj.com/bjhutong/bjhutong/hutong00047.htm

北京易遊網 http://beijing.yiyou.com/html/12/5...

中國經濟網http://big5.ce.cn/gate/big5/cathay.ce.cn/person/2006/11/29/

中國風格線上

陳輝樺 AEEA 天文教育資訊網 http://aeea.nmns.edu.tw/2001/0103/

本文原載《牛頓雜誌》172 期，1997 年 9 月號，2007 年 12 月，根據新資料增訂。

明清北京城正陽門箭樓（左）、門樓（右）

營建明清宮廷建築的科技家們

蒯祥、馬天祿、雷發達

中國建築師梁思成與林徽音：「北京——都市計畫的無比傑作。」

美國建築師 Ehmundn Bacon：
「在地球表面上人類最偉大的個體工程，可能就是北京了。」

丹麥建築師 Steen Eiler Rasiussen：
「整座北京城的平面設計勻稱而明朗，是世界奇觀之一，是一個卓越的紀念物，一個偉大文明的頂峰。」

北京現存的城制與宮殿創建於明成祖時代，以後的約5百年，均予增修，形成今天北京城內到處多是紅牆黃瓦、巍峨壯麗的中國帝制時代晚期的古建築，這是由很多優秀、傑出的設計師、科技家所創造出來的傑作。

中國在帝制時代重科舉、輕技藝，史書記載哲匠良工的事蹟並不多見，僅能零碎從史料汲出，再予拼湊整合，從而肯定規建設計建造北京城的建築師們的高度成就。

北京城的營建

明朝的北京城是修改元代的大都城建成的，明朝沿用元代城垣的東牆、西壁，而重新建造南、北側的城牆。

明太祖洪武元年（1368年），明軍攻下大都，以元大都北部，地多空曠，而城區太大，防衛線過長，因此放棄了北部城區，並在元大都北側城牆以南約2.5公里處另築新城牆，北城牆仍像元大都只設兩個城門，重新命名，東為安定門，西為德勝門，從而奠定了明代北京的北界。此外，明初還把東城牆的崇仁門易名為東直門，西牆的和義門易名為西直門。

明成祖永樂元年（1403年），詔改北平為北京，這是現今北京地點有北京名稱之始。明成祖永樂4年（1406年），皇帝下詔修北京宮殿，以南京及中都鳳陽的都城制度為藍圖，15年（1417年）開始大舉興工，18年（1420年）基本竣工，19年（1421年）明朝遷都北京，此次皇工大役共動員23萬工匠、百萬民夫，完成了紫禁城及皇城的宮殿、門闕、城池，而且也完成了太廟、社稷壇、天壇、山川壇以及鼓樓、鐘樓等一系列建築。紫禁城周圍3.4公里，有4個城門，皇城周圍9公里，主要也有4個城門。

明成祖時也重新規劃北京大城城牆，為了配合京城（後來的內城）為正方形的形態，於是將舊元大都的南城牆拆除，空出地方，成為明清皇城前的東、西長安街（即今北京市的東、西長安街），另在長安街南1公里處再築新的南城牆，仍開3門，於是京城成為□形態，城周共20公里，此即北京內城，也就是今天北京的2環交通線（北京現今城區交通線是以環狀擴充，環舊皇城為1環，環舊內城為2環，再外還有3環、4環……）。

清末北京圖

謝敏聰編繪，發表於張其昀監修，程光裕、徐聖謨主編《中國歷史地圖》下冊，文化大學出版部印行，1984年。

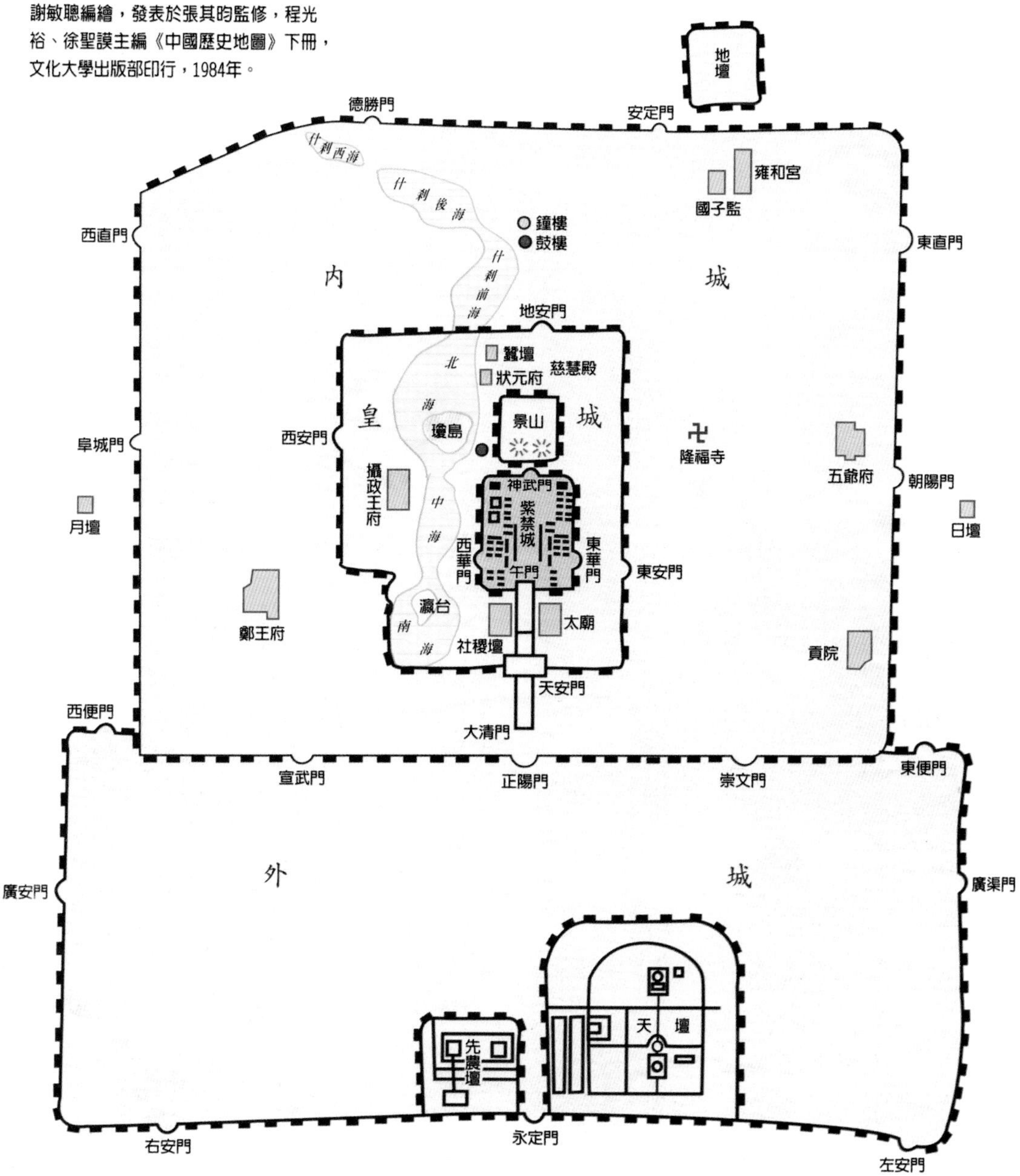

明世宗嘉靖 29 年（1550 年），俺答進兵明帝國，北京戒嚴，這時大臣乃有築外城的提議，因為當時正陽門外是商業區，十分繁榮。而城外居民數又是城內的加倍，應築外城，但考慮工程浩大，先築南面，至嘉靖 32 年（1553 年）竣工，外城計 14 公里。清廷入關，對內、外城牆未予改建，而北京城牆

一直為 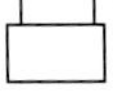 形態，以迄 1949 年，北京城牆未有變更。

舉世無雙的古代都市計畫

明初規建北京，最高的思想指導原則有二：一為中國傳統的宇宙觀與世界觀，即北京城的設計要仿照宇宙星極 3 垣 28 宿的排列，以作為世界的中心：二為宗法禮制，主要為《周禮 • 考工記》一書，即城為正方形，各側城牆開 3 門，左宗（廟），右社稷（壇），前朝後市。

有了這些指導原則可以遵循，但也不是機械式地照搬，而是結合北京的地理特點，加以靈活運用，設計成都市計畫的無比傑作。

明代北京城的都市計畫是非常嚴密而完整的，外城包圍著內城的南面，內城包圍著皇城，皇城再包圍著紫禁城。外城、內城、紫禁城的周圍又繞以既寬且深的護城河，城牆均呈長方形或正方形。

在北京城的設計上還沿襲隋唐長安城的制度，採用了按照一條縱貫南北的中軸線來安排一切建築的布置原理。中軸線南起外城南牆中門——永定門，穿過紫禁城的中心，北抵鐘樓，總長 7.8 公里，整座北京城最宏大的建築物和場地大都安排在中軸線上，而其他各種建築物也都按照這條中軸線來作有機的布置和配合。

北京南中軸路挖出長約 200 公尺的完整「乾隆御道」

據《北京青年報》2004 年 7 月 11 日報導：進行改造的北京城南中軸路，在施工時，發現地下有一條較為規整的石砌路面。北京市文物研究所有關專家昨天證實，這條長約 200 公尺的石板路，應該是清乾隆年間所重新修建的「御道」，清帝南巡或去郊外祭祀，都會經此路。據介紹，在北京能夠發現如此規整，並且保存比較好的「御道」，還是很少見的。

據北京市文物研究所的有關專家介紹，發現的這段「御道」位於永定門北側 100 公尺處，路面 13 公尺多寬，為石條鋪砌的路面，距地表有 15 公分至 25 公分此次發現的這段「御道」呈南北走向，長約 200 多公尺，全部為花崗石鋪就。石條的長短不一，長約 0.5 公尺至 1.5 公尺，寬約 40 公分，厚約 20

天壇祈年殿。為天壇的代表建築，為皇帝祈禱五穀豐登之地，光緒 15 年（1889 年）遭雷火焚毀，次年照原樣重建。

由鼓樓南望中軸線，遠方為景山。

公分。發現時，路面中間石條已沒有，東側還留有大約 3 公尺寬，西側還有 2 公尺多寬。文物專家經過對石條鋪砌的規則、鋪法，以及石條下為三合土夯築的路基等特點，初步判斷這段路為當年皇帝走的「御道」。

這條「御道」在當年應該屬於非常寬闊的道路，是城市的主幹道之一。據史料記載，清乾隆 20 年（1755 年），曾經整修過前門至永定門之間的道路，將路拆除後重新修直，並且統一了寬窄，此後對這條路也曾有過修葺。此次發現的這一段，就應該是清乾隆所重修的「御道」，清帝南巡和去郊區祭祀，都應經過這條路。

中軸線偏離子午線二度十幾分

據北京晚報 2005 年 3 月 8 日報導：北京城都市風貌中的南北中軸線，不但令北京人引以為傲，也被視為世界城市史上極為罕見的建築藝術軸線。中國測繪科學研究院學者夔中羽有最新發現。

皇穹宇。郭文英參與的作品。殿身呈圓形的木構建築，柱樑結構精巧，內部有3層天花藻井為古建築中所少見的。本宇主要功能為儲存皇天上帝牌位的地方。

天壇圜丘壇

正陽門城樓。初建於明永樂18年（1420年），為北京城的正門，高42公尺，為明清北京城內最高木的建築。

夔中羽是在一次準備拍攝北京全景鳥瞰圖的過程中，從北京的航空影像圖、衛星影像圖、北京地圖中赫然發現，北京南北中軸線並非正南正北，而是有所偏移。

夔中羽進一步以「立竿見影」方式試驗，結果得出，從永定門開始的中軸線到了鐘樓，已經偏離子午線達三百多公尺，即偏離子午線二度十幾分。

由最南往北走中軸線，進入永定門，東邊有天壇，是皇帝祭天的地方，分為3部分，南為圜丘壇，中為皇穹宇，北為祈年殿，總面積為紫禁城的2.5倍，是中國最大的祭壇。西邊有先農壇，是祭祀農神及皇帝觀看耕種農事之地。

進入正陽門（包括箭樓和城樓），正陽門為整座北京城的正門，一如隋唐長安城的明德門，位居京城南牆的中央門。城樓總高42公尺，為當年北京城最高的建築。

經東、西兩城區交通孔道橫亙的棋盤街，進入大清門（今地為毛主席紀念堂），門內為千步廊，直通天安門，天安門前有形的廣場，外建宮牆，名曰天街，天街東西兩端各建長安左門與長安右門，向南凸出的部分接通大清門，宮牆外為中央官署所在地。

1969 年重建天安門

天安門是皇城的南門，在皇城 4 門中最為偉觀，這裡曾是明清皇帝頒詔書的地方。1969 年 12 月天安門曾秘密重建過。在天安門原址、按原規格和原形式重建。由一批精於工藝的部隊官兵，組成木工連、瓦工連、彩釉連、架子工連和混合連等施工隊。大木作關鍵師傅孫永林參與了此次重建。

重建單位還從非洲和北婆羅洲進口原木 60 根，每根重達 7 噸（長 12 公尺，直徑 0.6～1.2 公尺）。整個城樓共用了 6 公斤金箔，所有的油漆彩畫描龍畫鳳都經過嚴格的一麻五灰十三道工序。光是琉璃瓦就製作近一百種規格，十萬餘件。

1970 年 3 月 7 日天安門城樓重新對外開放，不僅保留原有外形、尺寸和結構布局，還擁有九級抗震能力，安裝了電梯、供電照明、電視廣播、自動攝影機等設施。

天安門往北為端門，再北為午門，午門為紫禁城的正門，是百官常朝集會的地方，又是每有征討凱旋舉行獻俘儀式的地方。

皇城內，天安門東邊為太廟，內供奉皇帝祖先們的牌位；天安門西邊為社稷壇，這是古代朝廷祭祀土地神及五穀神的地方。

進入午門為太和門，明代在此舉行常朝，即御門聽政，太和殿是明清宮廷正殿，為紫禁城內規格最高的殿宇，為元旦、冬至及皇帝生日 3 大節及大慶典在這裡舉行慶祝典禮。往北之中和殿為皇帝到太和殿坐朝休息處，再北為保和殿，為殿試試場及每年除夕歡宴少數民族王公貴族的地方。太和殿、中和殿、保和殿稱為外朝 3 大殿，位於 3 台丹墀之上。

3 大殿北為乾清門，門內為內廷，由南往北依序為乾清宮（內廷正殿）、

天安門。始建於明永樂 15 年（1417 年），為傑出的建築師蒯祥設計的。城門五闕，紅色整台高十多公尺，台上重樓九楹，立於兩千多平方公尺的須彌基座上，繪有中國傳統的金龍和璽與紅草和璽彩畫。
天安門為皇帝頒詔，冬至到天壇祭天，夏至到地壇祭地，孟春祈穀到先農壇耕耤田，以及大婚、親征等典禮儀式進行或經過的地方。
949 年 10 月 1 日，毛澤東主席在天安門城樓宣告：中華人民共和國中央人民政府成立。天安門暨廣場是中華人民共和國的象徵。

交泰殿（清代尊藏寶璽的地方）、坤寧宮（明代為皇后寢宮，清代為祭神的地方）。坤寧宮北為御花園，再北為紫禁城的北門——神武門。

在紫禁城以北，座落在中軸線上的是景山（煤山），登臨山頂可俯看整座北京城，再北為鼓樓、鐘樓，鐘樓為中軸線的終點。

另外，在紫禁城外、皇城內，不在中軸線上的重要建築，西有北海、中海、南海，東有皇史宬。

明清北京街巷的排列採取方正平直的形式，這是由整座城市的方正平直所決定的。大街多作南北向，而胡同多作東西向。內外城共有 16 個城門（內 9 外 7），每座城門都有 1 條筆直的大街。大城著名的大街 30 餘條，形成棋盤式的道路系統，街的大小都有定制，小巷子稱為胡同，遍布大城，有 1000 多條，為居民住宅集中的地方。

明初設計北京的主要建築師

陳珪（1334～1419 年），江蘇泰州人，歷事洪武、永樂兩帝，因戰功封泰寧侯。永樂 4 年（1406 年），建北京宮殿主持籌備及規劃設計，卒於永樂 17 年（1419 年），享年 85 歲。

師逵（1365～1427 年），山東東阿人，亦歷事洪武、永樂兩帝。永樂 4 年（1406 年），下詔營建北京宮殿，師逵被派往湖南及湖北採大木，他率 10 萬人入山，事成後進位戶部尚書，為官清廉，宣宗宣德 2 年（1427 年）卒，年 62 歲。

宋禮（？～1422年），河南洛寧人，永樂初年任工部尚書，營建北京宮殿之初，被派遣到四川採大木，並督理疏濬大運河，永樂 20 年（1422 年）卒。

蒯祥（1398～1481年），蘇州吳縣香山人，其父蒯福是明初著名的木工，曾主持明太祖建都南京時代的宮殿木作工程，蒯祥年少隨父學藝，後繼承父業，繼續主持南京宮殿木作工程。

明永樂 15 年（1417 年），蒯祥主持北京宮殿郊廟的施工，當時才20歲，設計營建了承天門（今天安門）、宮

天安門前的華表柱。天安門前後有 4 根華表柱，雕刻極盡精美，很有可能是明初建築師陸祥設計監琢的。

明北京宮殿圖》南京博物院藏，顧頡剛教授指出圖右方的大官為蒯祥。

故宮太和殿。為中國現存最大的殿宇，也是故宮內最堂皇的建築。金碧輝煌，壯麗絕倫。原為明初蔡信、蒯祥設計，今殿為康熙年間梁九、雷發達重建。

北京故宮太和殿側景。

社稷壇。明清兩朝遵《周禮・考工記》：「左祖右社」的古制，建社稷壇於天安門西側。壇上有5色土。遠方拜殿（今中山堂）建於明永樂19年（1421年），是北京城內現存最早的木構建築。

皇城城牆

廷正殿——太和殿，以及中和殿、保和殿等。史書稱他：「凡殿閣樓榭，以至迴廊曲宇，無不稱上意。」「他精敏聰慧，巧思善畫，能以兩手握筆畫雙龍合之如一。」「每宮中有所修繕……略用尺準度，若不經意，及造成，以置原所，不差毫厘。」

他還參與了營建大隆福寺（今毀，地已成百貨商場）、南內，和西苑（今三海）殿亭，充分顯示了他高超的技藝。尤其大隆福寺鏤刻精巧，壯麗甲於北京諸佛寺。

明英宗正統5年（1440年），蒯祥奉詔重建被雷火擊毀之紫禁城3大殿等工程。另外，明成祖長陵、仁宗獻陵、宣宗景陵、英宗裕陵、景帝的壽陵（後未使用），也是他的傑作。

蒯祥技藝精湛，被譽為蒯魯班，官至工部侍郎（即今營建部副部長），卒於憲宗成化17年（1481年），終年84歲。

馬天祿，深州（今河北深縣）人，永樂年間，開辦興隆木廠（木廠為各個工種配套齊全的施工單位），歷明清兩朝，馬天祿及其後人承辦皇室工程營造宮殿、園林、陵寢。

吳中（1372～1442年），也是北京皇宮的設計建築師之一，字思正，山

北京鐘樓（左）、鼓樓（右）。鐘樓是明清北京城 7.8 公里中軸線的迄點。

東武成人，永樂 5 年（1407年）任工部尚書（營建部長），後改任刑部尚書，以軍餉不足，諫停北征蒙古，被好大喜功的明成祖關於監獄。仁宗繼位復其官，宣宗宣德初年，他將公有的建築材料送給宦官楊慶蓋府邸，被降級並停俸祿 1 年。

英宗正統 6 年（1441 年），宮殿復建完成，進位少師，吳中勤敏而且善於計算，在工部 20 多年，參與北京宮殿及長陵、獻陵、景陵營造，規劃井然有序，但不體恤工匠，又好聲色，時有誹議，卒於正統 7 年（1442 年）。

王順、胡良，彩繪師出身，山西保德縣人，永樂年間建太廟，徵全國繪工到北京。明成祖曾拍王順肩，稱讚有加。

蔡信，是木工出身的建築匠師，江蘇武進人。有精湛的設計才能和瓦木各作的豐富知識，是明成祖營建北京的規劃主要設計人之一。根據史書記載，蔡信「有巧思，……永樂間，營建北京，凡天下絕藝皆徵，至京悉遵信繩墨。」北京

宣武門內大街四合院。充滿京味的四合院因城市的改建，夾在高樓大廈中。

保和殿後三台下部雲龍石雕，重約 250 多噸，為故宮最大的一塊石雕。

宮殿建成後，由工部營繕清吏司郎中升為工部侍郎。除了營建宮殿、園林、壇廟、陵寢之外，蔡信還能利用水力製造水磨。

楊青，瓦工出身，金山衛人（今上海金山縣人），原名阿孫，楊青名為明成祖所賜，擅長估算，精於調配工料，善於安排施工人力，參加營建北京宮殿及陵寢工程，初封太僕少卿，英宗正統 5 年（1440 年）重建 3 殿、2 宮有功，升工部左侍郎。

陸祥，石工出身，江蘇無錫人，明太祖營建南京，曾應徵服役。陸祥「巧思，嘗用石方寸之許，刻鏤為方池以獻，凡水中所有魚龍荇藻之類皆備，曲盡其巧。」成祖時參加營建北京工程。今天安門前、後的華表柱、故宮 3 台及保和殿後雕有蟠龍的階石等傑作，很有可能是陸祥設計監琢的。

阮安，交阯人（今越南境內），由英國公張輔選送之宦官，為一傑出的建築家，史稱其有巧思，曾奉成祖命規劃北京城池宮殿及各官署的營造，他所提的規劃都符合規制，工部只是奉行而已。他的主要成就在英宗正統 5 年（1440 年）重建 3 殿、2 宮，都因有功而受賞，生前賞賜雖富，但都用於工作，身後

明仁宗朱高熾的陵寢——獻陵，在北京，昌平區天壽山。

明宣宗朱瞻基的陵寢——景陵，在北京，昌平區天壽山。

蒯祥墓牌坊——江蘇省蘇州市吳縣胥口鄉漁帆村西南。

蒯祥墓

明天順 2 年（1458 年）明英宗朱祁鎮賜蒯祥的祖父明思、祖母顧氏之「奉天誥命」碑。

竟無 10 兩金子。

明朝中期與末年的建築匠師

郭文英，木工出身，陝西韓城人，以技術精巧著名。明世宗崇奉道教，諸多匠師營建宮觀，草擬草圖最能為皇帝稱許的為郭文英，他曾參與北京外城及皇史宬與天壇皇穹宇的設計。

徐杲，亦為木工出身，建築技術高超。明世宗嘉靖 36 年（1557 年），3 大殿及殿門均毀於火災，當時皇帝急於修復，首先復建奉天門（即今太和門），徐杲觀自指揮操作，沒有幾個月就完成了。自正統 5 年（1440 年）到嘉靖 38 年（1559 年），已相隔 120 年，當時沒有準確的建築圖樣，蒯祥、郭文英都已逝世，建築工匠們對原有的規模和制度都不甚了解，只有徐杲憑記憶估算出來。按照他的設計，嘉靖 41 年（1562 年）建成後，竟然和原來的一模一樣，「不失尺寸」。在修建 3 大殿過程中，他用磚石來修補殘缺損壞的須彌座，將小塊、劣質木料經過拼合、斗接、包鑲之後作柱子。這不僅克服了當時大型木材及優質木材瀕於枯竭的困難，而且節省了大量的建築經費。

繼重建 3 大殿後，徐杲指揮修建永壽宮，只用不到 4 個月的時間，而且還節省了 280 萬兩白銀。徐杲還參與修建北京外城、皇史宬、太廟，被明世宗拔擢為工部尚書。

雷禮，江西豐城人，嘉靖進士，後任工部尚書。嘉靖 36 年（1557 年）曾與徐杲共同策劃 3 大殿之修復方案，他也具有治河及施工經驗。

馮巧，明末著名的建築家，在萬曆（1573～1619 年）、泰昌（1620 年）、天啟（1621～1627 年）3 朝主持修建宮殿、陵寢的工程，包括重點慈寧宮、坤寧宮、乾清宮、披房斜廊、乾清、日精、月華、隆福等門圍廊房 110 間，並修神宗定陵。重建 3 大殿，在「前朝州籍無可借考」的情況下，費用省而工倍。

清代的皇家工程制度

清代的皇家工程由樣式房和算房兩單位分工負責和配合，樣式房負責建築設計，由雷氏世家所掌管，有「樣式雷」或「燙樣雷」之稱；算房負責編造各種作法，並做預算、估工計料等規劃，由梁九、劉廷瓚、劉廷琦、高藝等人先後承擔，所以有「算房梁」、「算房劉」、「算房高」之稱。

皇史宬大殿。郭文英與徐杲參與修建的作品。位於皇城內南池子南口（當時的「南內」範圍），建於明嘉靖 13 年（1534 年），為明清兩代保存史冊的檔案庫。殿宇為全部用磚石砌築的無樑殿，室內有高大的石須彌座，其上放置鍍金銅皮樟木櫃 152 個，其結構具有防火、防潮和避免蟲鼠咬傷的特點。而山牆上有對開的窗，以使空氣對流，設計符合科學原理。

皇家工程需先選好地址，由算房丈量，內廷提出建築要求，最後由樣式房總體設計，確定軸線、繪製地盤樣（平面圖）以及透視圖、平面透視圖、局部平面圖、局部放大圖等分圖，由粗圖到精圖才算設計圖完成，已與現代設計十分相似。而在平面圖中繪製個別建築物的透視圖是雷氏創造性地運用互相結合之法，更精確地表現個別情況的手段。

太廟戟門

當設計精圖確定後，又繪製準確的地盤尺寸樣，以反映複雜關係，諧調空間布局，估工算料。樣式房的這類圖比例準確，線條清晰，重點突出，是以墨線為主，輔以彩色，如遇彩畫例如瀝粉描金，畫面非常醒目美觀。樣式房的設計圖樣經皇帝審批同意以後，再發工部會同內務府算房編造各種作法與估計工料。

清代營造北京的建築師

梁九，木匠出身，順天府（今北京）人，生於明天啟年間（1621～1627 年），曾師事馮巧，盡學其藝。馮巧曾以寸代尺，用模型方法指導施工。清初主要工程均由梁九主持，尤其在清聖祖康熙 34 年（1695年），重建太和殿時，將 1 比 10 的模型設計方法應用於施工，對施工提供了極大的方便。卒年 70 有餘。

樣式雷，是清代建築師雷氏世家的俗稱，雷氏世家先後 7 代，在樣式房主持宮廷營繕 240 餘年，其中 9 人具有重要影響。傳康熙初年，營建 3 大殿，雷發達（1619～1693年）以南方名匠供役其間（待考），康熙 28 年（1689 年），發達在北京工作 30 餘年解役。

雷發達在主持樣式房工作中，除先進行設計（畫樣），並創造出用草紙板和漿糊燙製成和實物相似的模型小樣的方

太廟正殿。明清兩代皇室的祖廟，原建於明永樂 18 年（1420 年），嘉靖 23 年（1544 年）重建，建築師徐杲參與了此次的重建。

景山。位於明清北京城南北中軸線的中心點，也是明清時代北京城的最高點，南面為紫禁城，北面正對地安門大街，山高 43 公尺，周長 1015 公尺。

法，這種立體模型叫做「燙樣」。燙樣使某部件能夠拆卸，便於觀看內部結構。此外，雷氏的設計還注重建築位置的科學性與環境的諧調性，既使二者巧妙配合，又顯示中國建築群的變化布局藝術。

發達子雷金玉繼承父業，此時紫禁城（皇宮）各宮殿除了外東路的寧壽全宮一區，基本上多已重建完成，雷氏家族此後多改在園囿、陵寢發揮，計有暢春園、圓明園、玉泉山、香山園、承德避暑山莊，並在北京城內的北海及中南海適當地添加景致，擴大設計，也設計了嘉慶帝的昌陵（在河北省易縣）及咸豐帝的定陵（在河北省遵化市）。

以圖紙及燙樣為藍圖而具體的施工準則，則遵照工部《工程做法則例》。雷氏留下大量的圖紙與燙樣，時代大多是道光（1821～1850 年）、咸豐（1851～1861 年）、同治（1862～1874 年）3 朝，圖紙典藏於北京中國國家圖書館善本部，燙樣主要珍藏於北京故宮博物院，少量散見於北京清華大學。

梁思成先生言：「北京是中國（可能是全世界）文物建築最多的。北京市之整個建築部署，無論由都市計畫、歷史或藝術的觀點看，都是世界上罕見的瑰寶。北京全城的體形秩序的概念與創造——所謂形制氣魄——實在都是藝術的大手筆。」

北京建築群的設計和營造，雄偉壯觀，精巧綺麗，是無數能工巧匠高超技藝的傑作，代表了

故宮寧壽宮內皇極殿藻井、金柱及彩畫。寧壽全宮一區及其西側的乾隆花園為「樣式雷」4世時代的雷家瑋、雷家瑞、雷家璽的傑作。

北海公園。雷氏家族在乾隆朝以後在北京城內的北海及中南海適當的加景致，擴大計。

北海靜心齋。為北海公園內建築結構最精巧、造園藝術最高的庭院，建於乾隆21～24年（1756～1759年），光緒11年（1885年）進行增建。它以疊石為主景，周圍配以樓閣亭榭，小橋流水等各種建築，布局巧妙。增建靜心齋是「樣式雷」7世雷廷昌的傑作。

北京國子監辟雍。國子監乃元舊學遺址。明朝永樂元年（1403）定名國子監，乃明清時代最高學府，清末新學制實施前，曾廣徵天下賢才，在此施以教育。
辟雍從古制周繞圓池，上架石橋4座，乾隆50年（1785）竣工後，皇帝曾御此講經，其內設有寶座，再北彝倫堂，有康熙御筆《大學章句》石刻，東西兩廡所陳石碑，均係清代所製。

當時土木建築的輝煌成就。城市是眾多建築的集合體，元、明、清3代以來，北京是經過嚴整都市計畫的世界著名大城市。史載營造明代北京，動員工匠23萬，民夫100萬，本文僅能舉其史載有名的督工與管工官員及經劃設計、技藝特殊的領班。至於未在歷史記載中留名的其他工匠與民夫，在此一併肯定他們對營造北京城、推進中國文明（也是世界文明的一環）達到高峰所做的傑出貢獻。

重要參考資料

《明史》。萬曆《韓城縣志》。民國《吳縣志》。

于倬雲：《紫禁城宮殿》，香港，商務印書館，1982年。

于善浦：《清東陵大觀》，河北人民出版社，1985年。

王燦熾：《燕都古籍考》，北京，京華出版社，1995年。

王其亨、項惠泉〈「樣式雷」世家新證〉，《故宮博物院院刊》，1978年，2期。

徐泓〈明初南京的都市規劃與人口變遷〉，《食貨復刊》10卷3期，1980年6月。

雷從雲、陳紹棣、林秀貞：《中國宮殿史》，台北，文津出版社，1995年。

北京市文物研究所編：《中國古代建築辭典》，北京，中國書店，1992年。

萬依主編：《故宮辭典》，上海，文匯出版社，1996年。

單士元：《故宮札記》，北京，紫禁城出版社，1990 年。
梁思成：《凝動的音樂》，天津，百花文藝出版社，1998 年。
孫劍：〈雷發達〉收入杜石然主編：《中國古代科學家傳記》，北京，科學出版社，1993 年。
梁思成與林徽音：〈北京——都市計畫的無比傑作〉，載《新觀察》2 卷 7、8 期。
侯仁之：〈北京舊城平面設計的改造〉，載《文物》1973 年 5 期。
許大齡、張仁忠：〈明代的北京〉，收入北大歷史系編寫組：《北京史》北京出版社，1990 年。
李孝聰：〈北京城市職能建築分布〉，收入侯仁之主編《北京城市歷史地理・第 6 章》，北京，燕山出版社，2000 年。
http://tw.news.yahoo.com/050308/43/1kek2.html
宋肅懿：《唐代長安之研究》，台北，大立出版社，1983 年。
宋肅懿：〈風華唐代長安城〉，載台北，《藝術家》323 期，2002 年 4 月號。
謝敏聰：《明清北京的城垣與宮闕之研究》，台北，台灣學生書局，1980 年。
謝敏聰：《北京的城垣與宮闕之再研究 1403～1911》，台北，台灣學生書局，1989 年。
謝敏聰：《北京——九重門內的宮闕》，台北，幼獅文化事業公司，1989 年。
謝敏聰：〈紫禁城的規建與沿革及其評價〉，載台北，《明史研究專刊》6 期，1983 年。
謝敏聰：〈1949 年後北京舊城的改建〉，載台北，《時報雜誌》126 期，1982.5。
謝敏聰：〈近代北京城變遷 1840～ 1986 年〉，載台北，《簡牘學報》12 期。
謝敏聰：〈紫禁城——九重門內的宮闕〉，載台北，《時報周刊》147 期，1980. 12。
謝敏聰：〈記北京故宮的書室〉，載台北，《文藝復興月刊》138 期，1982. 1。

本文原載《牛頓雜誌》211 期，2000 年 12 月號。2005 年 8 月根據新資料增訂，2007 年 12 月又據新資料增訂。

李時珍

李時珍是16世紀中國傑出的醫藥學家，也是世界上著名的科學家之一，他畢生執著醫藥學研究，研讀了993種書籍文獻，走訪上萬里路，並解剖動物，親嚐本草，進行科學訪查實驗，以27年的時間撰述，加上12年的修改，寫成中國醫藥史上的空前巨著《本草綱目》，為人類的健康做出了傑出的貢獻，達爾文（Charles Darwin）稱該書為《中國古代的百科全書》。李約瑟（Joseph Needham）說：「李時珍的科學貢獻可以與伽利略相比擬。」

湖北省蘄春縣蘄州鎮玄妙觀。李言聞、李時珍父子曾在此行醫。

玄妙觀
蕲春县李时珍医院
蕲春县公安局
蕲州交警中队
交通事故急救治疗中心
蕲春县公安局
李时珍医院
损伤鉴定治疗法医门诊部

家庭背景——世代業醫

李時珍，字東璧，於明武宗正德 13 年（1518 年）出生於蘄州瓦硝壩（今湖北省蘄春縣蘄州鎮）的一個醫生世家（按明朝制度，除非科舉任官，不然職業為世襲），中國古代重科舉，輕科學技術，醫生的社會地位不高，他的祖父是走鄉串戶的鄉村醫生（鈴醫），沒有留下名字。

父李言聞，在家鄉行醫，醫術高明，曾被推薦為皇家宮廷醫生，著有《醫學八脈注》、《四診發明》、《痘診證治》、《人參傳》、《蘄艾傳》等醫書多種，今唯《四診發明》部分內容保存於李時珍撰《瀕湖脈學》。

家鄉地理環境——地靈人傑

一位偉人有偉大的事業，多有受到其成長地理環境的影響。李時珍的家鄉蘄春縣境內多山，湖泊密布，盛產各種藥材如蘄艾葉（學名為 Artemisia argyi Lerl. et. Vant. CV qiai）、蘄蛇（Agkistrodon acutus Guenther）（今人梅全喜編

蘄州鎮李時珍紀念館內藥草碑廊。由山門進入廊院，兩側是長80公尺的本草碑廊、碑廊內壁上嵌有李時珍畫像、李時珍傳、《本草綱目・序》及128種根據《本草綱目》附圖刻製的本草標本圖碑刻。

有《蘄州藥志》，由北京中醫古籍出版社出版，1993年）。時珍經常跟隨父親和哥哥果珍到附近山上採集草藥，或幫助父親抄寫藥方，聽父親講解草藥，所以時珍自幼就獲得了很多草藥的知識，為成就後來撰述《本草綱目》的偉大事業，奠下堅實的基礎。

幼年、童年、青少年時期

時珍3歲（實際年齡，下同），身體瘦弱，反應遲鈍，5歲時開始讀書識字，11歲基本讀完《四書》（即〈大學〉、〈中庸〉、〈論語〉、〈孟子〉）、古詩等，並學做八股文、作詩。13歲中秀才，取得進入府、州、縣儒學的生員資格。

16歲，赴省城武昌（今武漢市）參加「鄉試」考舉人，落榜，3年後再次赴考亦落榜，此年前後與吳氏女結婚。

研讀醫書與行醫

20歲，因準備下次科舉應考，積勞成疾，患咳嗽，轉為骨蒸病（類似肺炎病症），臥床一個多月，幾乎死去，幸得父親精心治療，投以一劑黃芩湯，轉危為安，時珍深深佩服藥物之奧妙，成為他棄儒從醫的契機。

22歲，第3次赴武昌應鄉試，仍然落榜，心灰意冷，不再應試，乃隨父學醫，父子同在蘄州玄妙觀為群眾治病，並研讀前人的醫學著作，以自己的實踐驗證前人的研究成果，因此醫術提高得很快，

25歲，長子建中約於此年出生。

27歲時，蘄州連發大水，瘟疫流行。官府不顧人民死活，李言聞、李時

珍父子精心為群眾治病，不取分文，發揚高尚醫德，很受鄉人的愛戴和尊敬。

嘉靖 25 年（1546 年），時珍 28 歲，其父李言聞，補貢生，取得國子監生員資格，社會地位大幅提升，加上醫術高明，地方人士有口皆碑，乃得出入顧、郝等家豪門，郝家藏有大量醫藥典籍，時珍常去借閱，廣泛參考，反覆加以比較研究。

時珍在 31 歲左右，由於大量閱讀本草著作的緣故，不斷發現舊本草存在許多缺點和錯誤。在行醫過程中，時珍認為作為一位醫生，識藥、用藥是一個大問題，如果一位醫生對藥物不熟悉，或者藥物混雜，那麼他的醫術再高明，

蘄春的李時珍中藥市場。蘄春盛產 600 多種中藥材，宋代時已成為藥材買賣集散中心。民國初年
保持著這樣的風氣，把握中南幾省藥材市場樞紐，有定期「趕集」的藥農市集，歷史悠久而且規
很大。交易以蘄竹、蘄蛇、蘄龜、蘄艾，號稱蘄春四寶的藥材為大宗。

也不能開出好藥方來，甚至還會鬧出人命。所以對本草的深度認識是當時行醫者必備的課題。《神農本草經》所載藥物不多（只有 365 種），3 品分類法已不實用；《名醫別錄》也有不少欠妥的地方，以宋代唐慎微撰的《經史證類本草》最為完備（收藥物 1746 種，載藥方 2935 方），但也已成書 400 多年，更何況「舛謬差訛，遺漏不可枚數」。而藥物品種應加以充實，分類應加以改進。乃以《經史證類本草》為底本，結合自身經驗，發憤著書。

時珍 33 歲，開始重修本草的準備工作，此歲前後，收龐憲（蘄州人）為徒，充當自己的助手。另一學生瞿九思（湖北黃梅人），後舉萬曆年間鄉試。

正式編纂《本草綱目》

嘉靖 31 年，時珍 34 歲，正式編纂《本草綱目》。首先考慮按朱熹《通鑒綱目》體例，重新建立分類原則。

36 歲時為修訂本草，準備第一手資料，繼承父親寫《蘄艾傳》、《人參傳》的經驗，對蘄州名貴特產藥物「蘄蛇」進行深入地實地捕捉，蘄蛇能治風痺等症，有透骨搜風，截驚定搐療效，並且寫了《蘄蛇傳》一書，是書已失傳，部分內容保留於《本草綱目》。

皇宮太醫院任職

時珍 38 歲時，楚王朱英㷿，因時珍醫術精湛，乃聘時珍為奉祀所的奉祀正（主管祭祀），兼管良醫所。楚王長子患暴厥症（即抽風），由時珍治癒。

時珍 40 歲時，逢朝廷令地方舉薦名醫入太醫院補缺，經楚王推薦，時珍入皇宮太醫院，因而有機會出入御藥庫、壽藥房，看到很多珍貴藥物，對重修本草有利，但因與酷愛煉丹求長生不死的貴族們不相投，故不受重視，1 年後託病辭

蘄州鎮李時珍紀念館內的藥圃。面積 15 畝的百草園，這裡栽種 100 多種中草藥，有木本的也有草的，一年四季花香草綠蜂來蝶去，千姿百態，供欣賞與辨識。

職，返故鄉途中經河南，沿途略作藥物調查。「旋花」治筋骨疼痛的知識，即從車夫調查得來（見《本草綱目・旋花・發明》。

43歲，在蘄春雨湖北岸紅花園築新居，稱薖所館，館瀕臨雨湖，時珍自此別號瀕湖山人。寫成醫學著作《瀕湖醫案》、《三焦客難》、《命門考》、《五臟圖論》，以上諸書均已失傳，惟《本草綱目》保留其部分內容。

46歲，脈學專著《瀕湖脈學》寫成，脈學著作《奇經八脈考》、《脈訣考證》也完成於此時前後，另長子建中中舉於鄉，父親李言聞亦逝世。

實地查訪藥物

時珍在47歲～50歲，為求實證，乃外出訪查藥物，這點與徐霞客實地訪查地理學情況很相類似。足跡遍及湖北、湖南、江西、安徽、江蘇等地，所到之處向藥工、藥商、農夫、樵夫、漁翁、礦工、老婦詢問各方面藥物知識，親自採摘嚐試，隨手記錄，帶回標本，為《本草綱目》蒐集豐富的第一手資料，餐風露宿，備

李時珍紀念館內陳列的藥材——麥飯石。《本草綱目》卷10，〔釋名〕時珍曰象形。〔集解〕大略狀如握聚一團麥飯。〔氣味〕甘、溫、無毒。〔主治〕一切癰疽發背。〔發明〕若病久飢肉爛落，見出筋骨者，即塗細布上貼之，乾即易，逐口瘡口收斂。

極辛苦，同時注意搜集民間各種單方、驗方，後來編輯為《瀕湖集簡方》，書已失傳，其內容保存於《本草綱目》附方中。

60歲，《本草綱目》編撰完成，歷時 27 年，動員全家人，包括 4 個兒子，4 個孫子，以及他的學生弟子，都參與了編寫和校訂，後又經過 12 年做了 3 次修改和重編，再加上 4 年的刻印，前後總計 40 多年才出版。

《本草綱目》內容簡介——集中國古代醫藥學大成

《本草綱目》約 190 萬字，合成 52 卷，內容如下：

卷 1、2 為序例。包括 7 方、10 劑，氣味陰陽、升降浮沈，臟腑標本用藥式，以及相須相使、相畏、相惡、相反諸藥，用藥凡例和禁忌，為總論性質。

卷 3、4 為百病主治藥。舉出 100 多種疾病常用藥，便於臨床擇用。

卷 5～52 為藥品各論。按水、火、土、金石、草、穀、菜、果、木、器服、蟲、鱗、介、禽、獸及人等 16 部，分為 62 類。共載藥物 1892 種，其中整理《證類本草》的 1479 種，取金、元諸家所載的 39 種，新增 374 種，附方 11091 首，插圖 1110 幅，對每種藥物，時珍採取的分類方法是：每種藥物標一個總名，作為該藥物的「綱」，下列各欄是「目」，包括「釋名」（解釋藥物名稱的來源和依據）、「集解」（產地、形態和採集方法）、「辨疑」「正誤」（辨其可疑，糾正過去本草書的錯誤）、「修治」（炮炙的方法）、「氣味」（藥物性質）、「主治」（藥物功用）、「發明」（記述前人和他自己投用此藥的臨床經驗和對藥理方面的探討），最後是「附方」（說明此藥在臨床上的實際應用，供讀者對症下藥。這種記述方法，支脈分明，便於檢索，切合實用）。

蘄州鎮李時珍陵園內文物陳列館陳列之中藥擂碗等藥具。

《本草綱目》全書規模宏大，資料豐富，糾正很多舊本草的錯誤，提出當時最為科學的藥物分類法，綱目分明，方藥結合，對藥物的採集與鑒定，乃至栽培的方法，多有記載。對研究生物、化學、天文、地理、地質、採礦等方面均有參考價值。

《本草綱目》的刻印

時珍在明神宗萬曆 6 年（1578 年）《本草綱目》本草綱目定稿之後，便急於刊刻。他曾先後去過黃州（今湖北黃州市）、武昌，但卻找不到書商肯刻印，因此來到南京，明代的南京是全國最大的刻書中心，但刻《本草綱目》190 萬字，約要紋銀 600 兩，以物價指數折合今新台幣約為 600 萬元，因醫藥書籍在當時被視為方技，不太受書商歡迎。在 12 年後，因李時珍曾在南京居留幾年，卓越的醫術曾挽救很多人的生命，為名聞遐邇的大醫家。《本草綱目》在民間傳抄，書商也有所聞，南京刑部尚書，赫赫有名的文士王世貞，有求於這位大名醫，乃勉為之作序，有了王世貞的序，金陵（今南京市）出版商胡承龍方才同意刻印。從萬曆 18 年～21 年（1590～1593 年），前後歷時 4 年方才全部刻完，書剛刻好，即將印刷出版，李時珍突然逝世。

《本草綱目》最先傳到日本，啟發了日本本草學者，1607 年它傳入日本，到 18 世紀初日本已有 8 種刻本，1783 年譯成日文，幾乎支配了整個江戶時代（1603～1868 年）的本草研究，18 世紀英國生物學家、進化論的創立者達爾文（1809～1882 年）在其《物種源始》（The Origin of Species, 1859 年）等著作中多次引用。在 18 世紀《本草綱目》也被相繼譯為朝鮮文、拉丁文、法文、英文、德文、俄文等，並出版。由於中國傳統醫術的功效及其獨立的理論體系，《本草綱目》至今仍有實用的和科學的價值。

《本草綱目》自萬曆 21 年（1593 年）胡承龍在南京首刻問世之後，演化

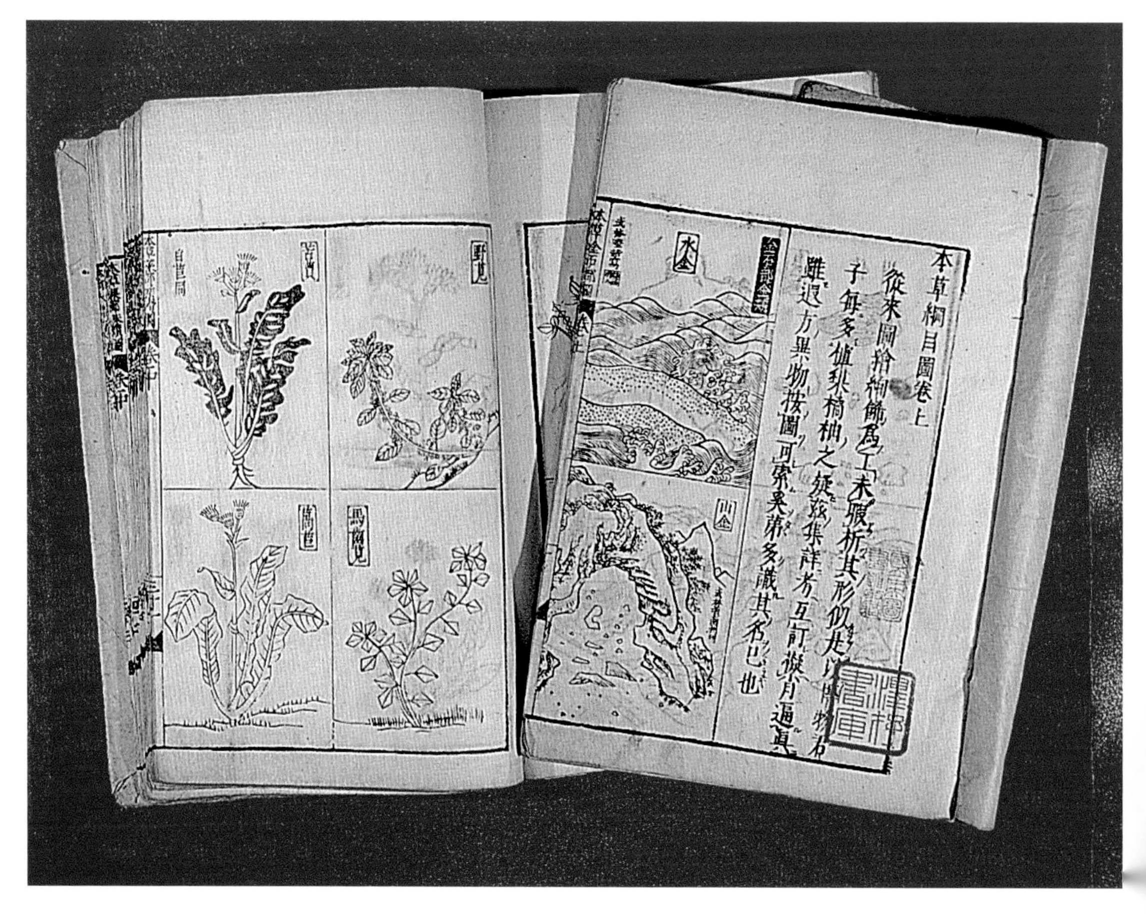

李時珍撰《本草綱目》書影。日本，寬文 12 年（1672 年）刊本。國家圖書館藏。《本草綱目》書中有 1000 多幅插圖，繪圖工作由李時珍的長子李建中承擔此重責大任。

為 3 大系統：江西夏良心刻本（1603 年）系統、杭州錢蔚起的六有堂刻本（1640 年）系統、合肥張紹棠味古齋刻本（1885 年）系統。江西夏刻本為明末清初各版底本，是最近祖本，現今流傳最廣的合肥味古齋刻本是清末各版底本，失祖本風貌最大，1993 年上海科學技術出版社終於影印出明萬曆年間胡承龍在金陵的刻本。台灣流行的本子為味古齋刻本。

《本草綱目》的科學性

《本草綱目》的記述，很多是時珍親自實驗或調查的成果，例如，陶弘景的《神農本草經集注》說，穿山甲（一種水陸兩棲動物）以螞蟻為食，時珍進行了解剖穿山甲，發現穿山甲的胃很大，裡面有一升左右的螞蟻。

以往的本草書對萍、苹、蒓、荇四種相似的水生植物的具體區別都沒有講清，時珍乃向農夫請教，終於區別出。

時珍在《本草綱目》中也糾正了前人本草書中的某些錯誤，如把 1 藥誤為 2 物的南星、虎掌作了更正；把誤為蘭草的正為蘭花；把誤為百合的正為卷丹；天花粉、括蔞本是一種植物的塊根和果實，過去卻繪成兩種不同植物，對此進行了糾正；把誤列為草類的生姜、薯蕷，重新分入菜類。

《本草綱目》另對一些藥物的確實療效重新作出結論，如指出土茯苓治梅毒，延胡索可止痛，常山有截虐作用，使君子、鶴虱、雷丸有殺蟲作用。而書中也對一些不合理的傳說作了批判，如服水銀、雄黃可以成仙，服食「金丹」可以長生不死，時珍皆從理論上加以否定，而且指出服食的危害性。

時珍並經觀察對「草子變魚」、「馬精入地變為鎖陽」的傳說加以改正，指出魚是魚子所化，鎖陽是一種植物。

經過時珍的科學觀察，《本草綱目》已有進化論思想，它關於動物的分類，是按照由低等到高等的進化順序排列。時珍已認識到生物對環境的適應性，提出某些動物「毛協四時，色合五方」。同時已知利用生物適應環境的特性，進行人工飼養和改良品種。時珍又觀察到動物的相關變異和突然變異現象，如烏骨雞的骨舌皆黑，飼養金魚的顏色可以突然變化等。

而《本草綱目》以綱挈目，綱舉目張的分類方法的科學性，在當時世界上也是最進步的。書中的植物分類法，對植物學的研究工作有很大貢獻，比西方植物分類學創造人，瑞典的博物學家林奈（Carlvon Linné, 1709～1778 年）的《自然系統》（1735 年）提出的植物分類法早 157 年。

《本草綱目》的缺點

時珍在豐富的醫學經驗的基礎上，以一種求實的精神和批判灌注於「格物」學說之中，這是十分可貴的。由於所處時代的局限性，他的「格物」說還停留在經驗和觀察的階段，還沒能達到近代科學那種實驗和假說結合的真正的科學方法和水準，因而也未能擺脫古代自然哲學的束縛而使醫藥學走向近代科學的水準。

無可諱言的，像《本草綱目》這麼大部頭的書，存在著一些缺點，這是著述難以避免的。有如下的缺失：

㈠對所搜集大量資料缺乏精密選擇和系統整理，記述似乎比較雜亂，如百病通用藥中，一病之下列藥數十。藥物主治項下，一藥之下，治亦數目，這種情況對經驗少的醫生來說是很難進行選擇的，加之編纂按金石、草、木等分類也很不便於臨床醫生的翻檢。

㈡所引載的歷代文獻，雖註明其出處，但也有註錯而成為張冠李戴者。

㈢受限於時代因素，書中也有一些不符合科學原理的說法，如「妊婦食兔肉」、「令子缺唇」、「爛灰為蠅」、「腐草為螢」；另也記有一些封建迷信，如「古鏡如古劍能

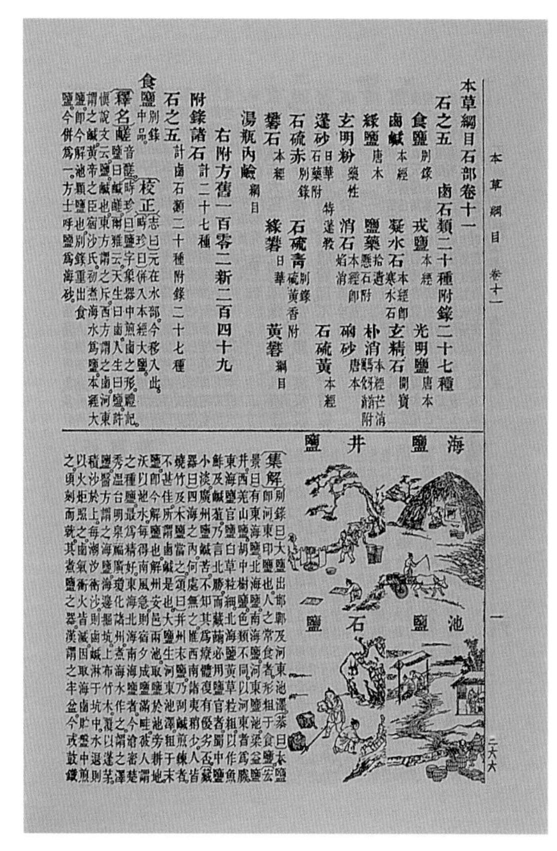
本草綱目　卷十一

本草綱目石部卷十一
石之五　鹵石類二十種附錄二十七種
食鹽別錄　戎鹽本經　光明鹽唐本
鹵鹹本經　凝水石本經寒水石即　玄精石開寶
綠鹽唐本　鹽藥拾遺懸石附　朴消本經馬牙消芒消附
玄明粉藥性　消石本經焰消即　硇砂唐本
蓬砂日華石藥附特蓬殺　石硫黃本經
石硫赤別錄　石硫青別錄硫黃香附
礬石本經　綠礬日華　黃礬綱目
湯瓶內鹼綱目
右附方舊一百零二新二百四十九
附錄諸石計二十七種
石之五計鹵石類二十種附錄二十七種
食鹽別錄中品
校正　志曰：元在水部，今移入此。
釋名
集解
海鹽　井鹽　池鹽　石鹽

《本草綱目》選頁。清光緒年間張紹棠刊刻的味古齋本，流傳最廣，多有改動，失祖本的風貌也最大。

避邪」、「寡婦床頭塵土能治耳上月割瘡」。

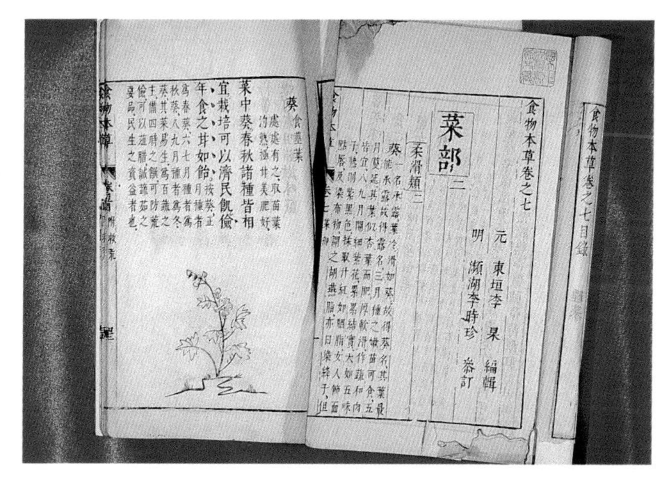

食物本草卷之七

菜部

柔滑類

元 東垣李杲 編輯

明 瀕湖李時珍 參訂

食物本草卷之七目錄

金・李杲撰、明・李時珍訂《食物本草》書影。明天啟元年（1621 年）吳郡錢允治校刊本。國家圖書館藏。

對後世中醫藥學者的影響

後世一些醫藥學者由於受到《本草綱目》的啟發或影響，先後編成相同類型的本草書，如汪昂的《本草備要》、莫熺的《本草綱目摘要》、趙學敏的《本草綱目拾遺》、林起龍的《本草綱目必讀》、曹菊庵的《本草綱目萬方類編》等。

李時珍其他的醫藥學著作

時珍一生著述甚多，除了《本草綱目》以外，還著有《瀕湖脈學》、《奇經八脈考》、《脈訣考證》以及《五臟圖論》、《三焦客難》、《命門考》等，對診斷學、針灸學和中醫理論都作了深入的探討。另外，時珍在文學、史學方面也很有造詣，撰有《詩話》、《薖所館詩》、《唐律》。但除《本草綱目》、《瀕湖脈學》、《奇經八脈考》被保存下來，其餘均已失傳。

另外，時珍也訂正了金代李杲撰的《食物本草》藥書。

今將《瀕湖脈學》及《奇經八脈考》兩書簡介於後：

《瀕湖脈學》

時珍對脈學有精深的研究，他根據各家論脈的精華，於嘉靖 43 年（1564 年）撰成此書。書 1 卷。

前半部分，以歌訣形式論述浮、沈、遲、數、滑、澀、虛、實、長、短等 27 種脈象，以簡明文字和生動的比喻分析各脈象，名之為「體狀詩」；論同類異脈的鑒別，名之為「相類詩」；後「主病詩」以闡明各種脈象的主病。

後半部附有宋朝崔嘉言編撰、明朝李言聞刪補的《四言舉要》。以四言體

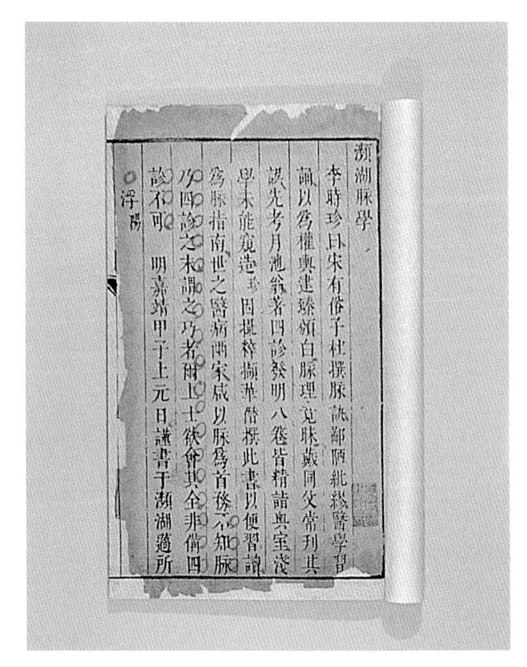
瀕湖脈學
李時珍曰宋有俗子杜撰脈訣鄙陋紕繆醫學習
誦以爲權輿逮臻頒白脈理竟昧戴同父常刊其
誤先考月池翁著四診發明八卷皆精詣奧室淺
學未能窺造珍因撮粹擷華僭撰此書以便習讀
爲脈指南世之醫病兩家咸以脈爲首務不知脈
乃四診之末謂之巧者爾上士欲會其全非備四
診不可　明嘉靖甲子上元日謹書于瀕湖薖所
○浮　陽

李時珍撰《瀕湖脈學》書影。是書為學習切脈必讀的書籍，為時珍在其父李言聞撰的《四診發明》一書基礎上，改編而成，雖只有10000多字，但考引歷代醫書54種，是李時珍在前人研究成果的基礎上，並吸收了他父親長期臨床經驗而寫成的。明萬曆年間刊本。國家圖書館藏。

形式論脈，對各種脈象、體狀的描述，十分貼切、簡明，是一部具有學術價值的醫學著作，所以流傳甚廣。

有明萬曆31年（1603年）刻本，清光緒11年（1885年）合肥張氏味古齋重刻本，1940年上海千頃堂石印本。

《奇經八脈考》

首為奇經八脈總論，次論陰維、陽維、陰蹻、陽蹻、沖脈、任脈、督脈、帶脈等八脈循行，並結合經脈所主病症，廣引《內經》、《難經》，及有關醫家學說，從病因、病機至辨證施治，予以精闢論述。書後附有〈診氣口〉、〈九道脈圖〉。此作與《瀕湖脈學》、《脈訣考證》為研究脈學的姊妹篇。書中所引各家醫論，既取其長，亦能指出其短。

《奇經八脈考》原刊於萬曆6年（1578年），現有萬曆31年（1603年）刻本。

《脈訣考證》一書作者的爭議

另外，據傳時珍尚有《脈訣考證》一書仍然傳世。《脈訣考證》未見《明史·藝文志》著錄。清代黃花館輯集的《醫方全書五種》收錄它：「《脈訣考證》1卷，明李時珍撰。」這大約是關於此書的最早記載，有人甚至懷疑《脈訣考證》不是李時珍的作品（如吳雲端、張慧劍兩位教授）。另因1956年，大陸人民衛生出版社曾將《瀕湖脈學、奇經八脈考、脈訣考證》影印合刊。此

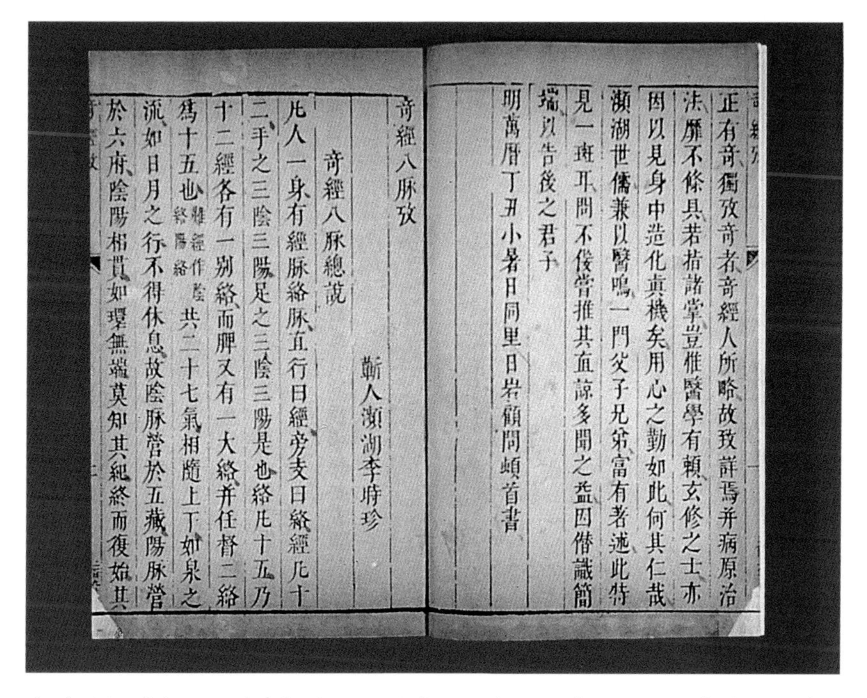

正有奇獨攷奇者奇經人所略故致詳焉并病原治
法脈不條具若揣諸掌豈惟醫學有賴玄修之士亦
因以見身中造化真機矣用心之勤如此何其仁哉
瀕湖世儒兼以醫鳴一門父子兄弟富有著述此特
見一斑耳問不佞嘗推其直諒多聞之益因僭識簡
端以告後之君子
明萬曆丁丑小暑日同里日岩顧問頓首書

奇經八脈攷
蘄人瀕湖李時珍
奇經八脈總說
凡人一身有經脈絡脈直行曰經旁支曰絡經凡十
二手之三陰三陽足之三陰三陽是也絡凡十五乃
十二經各有一別絡而脾又有一大絡并任督二絡
為十五也（難經作陰絡陽絡）共二十七氣相隨上下如泉之
流如日月之行不得休息故陰脈營於五藏陽脈營
於六府陰陽相貫如環無端莫知其紀終而復始其

李時珍撰《奇經八脈考》書影。是書是研究經絡學說必備的書籍。明萬曆年間刊本。國家圖書館藏。

據大陸學者吳佐忻教授的研究：「《脈訣考證》肯定是李時珍的作品，不過它不是一部獨立的著作，而是附錄在《瀕湖脈學》之後的一篇文章。」

人民衛生出版社將《瀕湖脈學》、《奇經八脈考》和《脈訣考證》作為3本書合編在一起影印出版，這樣的編次不符原貌，會使人誤解《脈訣考證》是一本單行的書，而不是《瀕湖脈學》的內容之一。

結語——紹述遺志，加速中醫藥的科學化

李約瑟博士認為：「中醫是一種非常偉大的文化的產物，中國文明的複雜與深邃絲毫不遜於歐洲文明。中醫理論保留著中古形式，但具有極其豐富的內容，絕不可等閒視之。」在《中國的科學與文明》一書中，他和魯桂珍不但詳述了中國醫學史上的兩個重要成就——免疫學和針灸療法，而且還發掘出中國古代在甲狀腺激素、內分泌、糖尿病、血液循環、人體生物種等早期發現的傑出成就。

《本草綱目》為先賢李時珍的智慧遺產，綜合了大量的科學資料，在植物學、動物學、礦物學、物理、化學、農學、天文、氣象等很多方面，有著廣泛

李言聞與妻張氏合葬墓、李時珍與妻吳氏合葬墓。在李時珍夫合葬墓的左側略前的是李言聞夫婦的合葬墓。李時珍墓位於蘄城外雨湖畔的蟹子地。這一帶，坡崗起伏，碧水環抱，草木蔥蘢風景很好。

的論述，而不僅對藥物學作了詳細的記載，同時對人體生理、病理、疾病症狀、衛生預防等作了不少科學性的論述。

中醫藥自時珍以後，作如此積極投入研究的學者人數較少，而且各自為政，較缺乏團隊整合。而 16～18 世紀正是歐洲的啟蒙運動時代（此時的中國正在閉關自守，與世界隔絕），知識革命興起伴隨 18 世紀下半期以來的工業革命，近世的科學理論與實用科技結合，截至 21 世紀，西醫有飛躍的進步。

西醫對解剖學、生物化學、細胞學、胚胎學、遺傳學、組織學、免疫學、一般醫學、微生物學、真菌學、病理學、藥學、生理學、心理學、獸醫學、病毒學已全面科學化地進行科際整合研究，取得了空前未有的輝煌成果，輔以現代高科技的儀器如顯微鏡、X 光機、胃鏡、超音波、心電圖、電腦……疾病預防、診斷與治療相得益彰。

而值得稱述的是，人類基因組分析計畫（Human Genome Project）為讀取人類所有 DNA 序列的宏大計畫，2000 年 6 月完成概要解讀，人類已大致將生命設計書握在手中，此可以早期發現疾病與治療疾病，製造為配合個人體質而量身訂做的藥，以及闡明生命的神秘，有著種種的可能，可能性將無限大。（以上〈基因組資訊急遽衝擊人生〉一文請參看《牛頓雜誌》211 期）。

而中醫藥過去較缺乏像歐洲啟蒙運動以來，整個學術界充滿以研究自然為中心與窮究事物之理的大環境，以及工業革命以來的技術創新與進步的歷史觀。《本草綱目》一書的撰成在中國藥學史有其階段性與時代的局限性。

依現今科學驗證，中醫藥有一定的療效，有些病症西醫無法治癒，例如皮

四賢坊故址碑，清光緒 31 年（1905 年）立於李時珍居處——薖所館故址，載明為李氏祖孫 3 代的坊表故址。清初，蘄州鄉民自動捐款修建李氏四賢坊，紀念李時珍、李建中、李建木和李樹初父、子、孫 4 人的豐功偉績。故址碑今移蘄州李時珍紀念館。

膚病（特別是濕疹），中醫就頗具成效。而中醫藥在臨床方面對付病毒性感染（如腺病毒肺炎、病毒性腦炎、各類型肝炎等）也十分成功，尤其環境在變，病毒也不斷在突變演化，可預期地中醫藥的未來發展空間很大。

1970 年代河北省石家莊 B 型腦炎大流行，劉志明教授半個月就控制病情，據悉當時依據的理論原則和治療方法，即源於《傷寒論》和瘟病學。2003 年廣東省使用中西醫結合控制 SARS 疫情，獲得世界衛生組織專家的認同。

近年兩岸的中醫藥研究單位正積極投入大量的人力、物力對中醫藥進行科學研究。2005 年 2 月間，台中中國醫藥大學用天然紅麴菌製造的「壽美降脂 1 號」已成為台灣第一個通過臨床試驗，核可上市的中藥新藥，其作用是降血脂與活血化瘀。紅麴是中藥沿用數百年的成方，《本草綱目》中有記載，對於活血化瘀、整治濕熱泄痢，產後惡露不盡，頗具療效。

歷史是人類文明的記憶，沒有過去就沒有現在，李時珍總結 16 世紀以前對中醫藥學治病用藥的經驗已為後人啟蒙並打下研究的堅實基礎，今人緬懷先賢，必須紹述遺志，發揚時珍的治學精神，加強以科學方法研究發展，體現「學問為濟世之本」的偉大理想。

企業家王永慶先生在 2000 年曾赴四川考察中醫藥科學化的途徑，以期待在其創辦的長庚大學及長庚紀念醫院，實踐中醫藥科學化及發揮中西醫藥互補的理想，期使中醫藥繼續為人類的健康做出偉大的貢獻。

中藥複方證實降低化療副作用

據聯合報記者許峻彬 2005 年 8 月 30 日台北報導，1800 年前的中藥複方經動物實驗可降低癌症化學治療藥物的副作用，還可增強多種抗癌藥物的療效。

中央研究院院士、中藥全球化聯盟主席鄭永齊昨天表示，這個代號為 PHY906 的中藥複方已經在美國耶魯大學、康乃爾大學與北卡羅萊納大學進行第一期與第二期臨床試驗，初步結果發現針對大腸直腸癌病人，可降低使用化學治療藥物引起的副作用。

鄭永齊說，PHY906 是由甘草、黄芩、大棗、芍藥等 4 種中藥組成複方，原來用在治療腹瀉、惡心、發燒、疼痛與食欲不振等。

他表示，採用代號並非為了保密，而是他向 10 家公司購買這 4 種中藥原料，測試結果發現化學成分都不同，有些成分甚至可能降低癌症藥物效果、加速腫瘤生長，民眾千萬不可自行購買這些藥物調配服用。他說，中藥要成為國際認可的藥品，最難的是必須製造出品質穩定且具有均一性的產品。

台灣在中藥現代化的工作上也做得相當多，如「中藥全球化聯盟」主要是集合全球各地頂尖的研究機構協力提供四個技術平台，包括：⑴如何做好的中藥的品質管制（淬取步驟、成分分析、生物活性的確認與標準化）；⑵中草藥的來源鑑定及栽培之標準化；⑶建立所有中藥的資料庫（品種鑑定、標準成分、指紋圖譜）；⑷推動國際多中心臨床試驗，其最終目的就是要讓中藥成為西方國家可以認定的藥物，並通過美國 FDA 的認證，將中藥推向國際。

重要參考書目

明・李時珍《本草綱目》。

《明史・方使傳・李時珍列傳》。

〔明〕王世貞《本草綱目序》。

〔清〕英啟《黃州府志・李時珍家傳》。

〔清〕顧景星《白茅堂詩文全集・李時珍傳》。

梅全喜主編《蘄州藥志》北京，中醫古籍出版社，1993 年。

張潤生、陳士俊、程蕙芳《中國古代科技名人傳》貫雅文公司，1990 年。

王劍主編《李時珍學術研究》中醫古籍出版社，1996 年。

吳楓主編《簡明中國古籍辭典》吉林文史出版社，1987 年。

廖育群主編《中國古代科學技術史綱・醫學卷》遼寧教育出版社，1996 年。

唐明邦《李時珍評傳》南京大學出版社，1991 年。

董光璧〈李時珍及其本草綱目〉收入陳鼓應、辛冠潔、葛榮晉主編《明清實學簡史》社會科學文獻出版社，1994 年。

湛穗豐、吳洪印《中國古代著名科學典籍》台灣商務印書館，1994 年。

張慧劍《李時珍》上海人民出版社，1978 年。

趙璞珊《中國古代醫學》北京，中華書局，1997 年。

汪前進《中國明代科技史》北京，人民出版社，1994 年。

薛文忠《中國醫學之最》中國旅遊出版社，1991 年。

周谷城編《中國學術名著提要・科技卷》上海復旦大學出版社，1996 年。

李士禾〈李時珍傳略〉載入《中國歷代醫家傳略》黑龍江科技出版社。

林建福〈本草綱目〉載入《中國學術名著提要》上海，復旦大學出版社，1996年。

鄭樂明〈本草綱目〉首在南京出版，吳佐忻〈《瀕湖脈學》源流及《脈訣考證》歸屬小考〉，王吉民、陳存仁〈《李時珍先生年譜》評注，收入王劍主編《李時珍學術研究》〉北京中醫古籍出版社，1996 年。

王錢國、鍾守華主編《李約瑟與中國古代文明圖典》，北京，科學出版社，2005 年。

《亞洲週刊》2003 年 5 月 12～18 日，紀碩鳴報導。

《聯合報》2005 年 1 月 27 日，陳惠惠、魏忻忻報導。

《聯合報》2005 年 8 月 30 日，許峻彬報導。

百度百科〈李時珍〉

雲宮藥香網路

衛生署網站

本文原載《牛頓雜誌》258 期，2005 年 7 月號，2007 年 12 月根據新資料增訂。

徐光啟

明人繪　徐光啟像
上海歷史博物館藏

徐光啟是明朝的大臣，他與義大利傳教士利瑪竇翻譯《幾何原本》等書，將西方學術介紹到中國，他也編纂《農政全書》等科技性書籍。終生從事天文、曆法、水利、測量、數學、農學的研究，是中國近代科學的先驅。

早年受中國文化的薰陶

徐光啟（1562～1633 年）字子先，號玄扈。明世宗嘉靖 41 年 3 月 10 日（陽曆 4 月 24 日）生於南直隸松江府上海縣城南太卿坊祖宅內。他出生在一個貧寒的家庭，7 歲時被送去讀書。光啟少年時代，值朝政腐敗，貪官污吏盛行，社會動盪，他便立志「治國治民、崇正辟邪，勿枉為人一世」。

和一般士大夫一樣，徐光啟為謀取科舉功名費時很多，而且頗為坎坷，自 20 歲（萬曆 9 年，公元 1581 年）中秀才，而後參加 4 次鄉試，皆不中。與官學迥異的陽明心學對光啟的影響，也許就是其考運坎坷的原因之一。

光啟早年受他父親徐思誠的影響，「自六籍百氏，靡不綜覽而攬其精華」。王守仁（陽明）的心學對他影響頗大。16 歲時，徐光啟師事黃體仁，黃氏曾私淑王守仁，致力心性之學，頗為器重光啟。

萬曆 25 年（1597 年）光啟 36 歲時，好運來了。他第 5 次應順天府鄉試，雖卷落孫山，但這次的主考官為深得陽明心學之旨的名儒——焦竑（號漪園，亦曾屢試不第，年 50 始成進士），從落卷中獲光啟卷，擊節賞嘆，閱至三場，復拍桌子說：「此名士大儒無疑也，拔置第一」。因由卷落孫山外到拔置第一，光啟於是「名噪南北」。

陽明心學對光啟的影響為培養懷疑批判的精神。如光啟所著《毛詩六帖》（作於 1603 年前）中，曾懷疑批評孟子性善的理論基礎。

而陽明心學之末流，也有其缺點；專談心性，思想空疏貧乏，雖能充分發揮人之個性，但其弊則在不講求格物致知等實際工夫，缺乏實事求是的精神。明朝後期，由於朝政黑暗腐敗，內亂外患頻仍，有識之士多已留心於經世致用的學問，俾有益於國計民生。徐光啟的中年正處於如此環境的大時代，於是大思想家、政治家、科技家的光啟於焉興起。

西學東漸

16 世紀開始，耶穌會教士陸續到中國傳教，但需靠學術活動，才能獲得朝廷特殊的禮遇。利瑪竇（Matteo Ricci, 1552～1610 年）於萬曆 11 年（1583

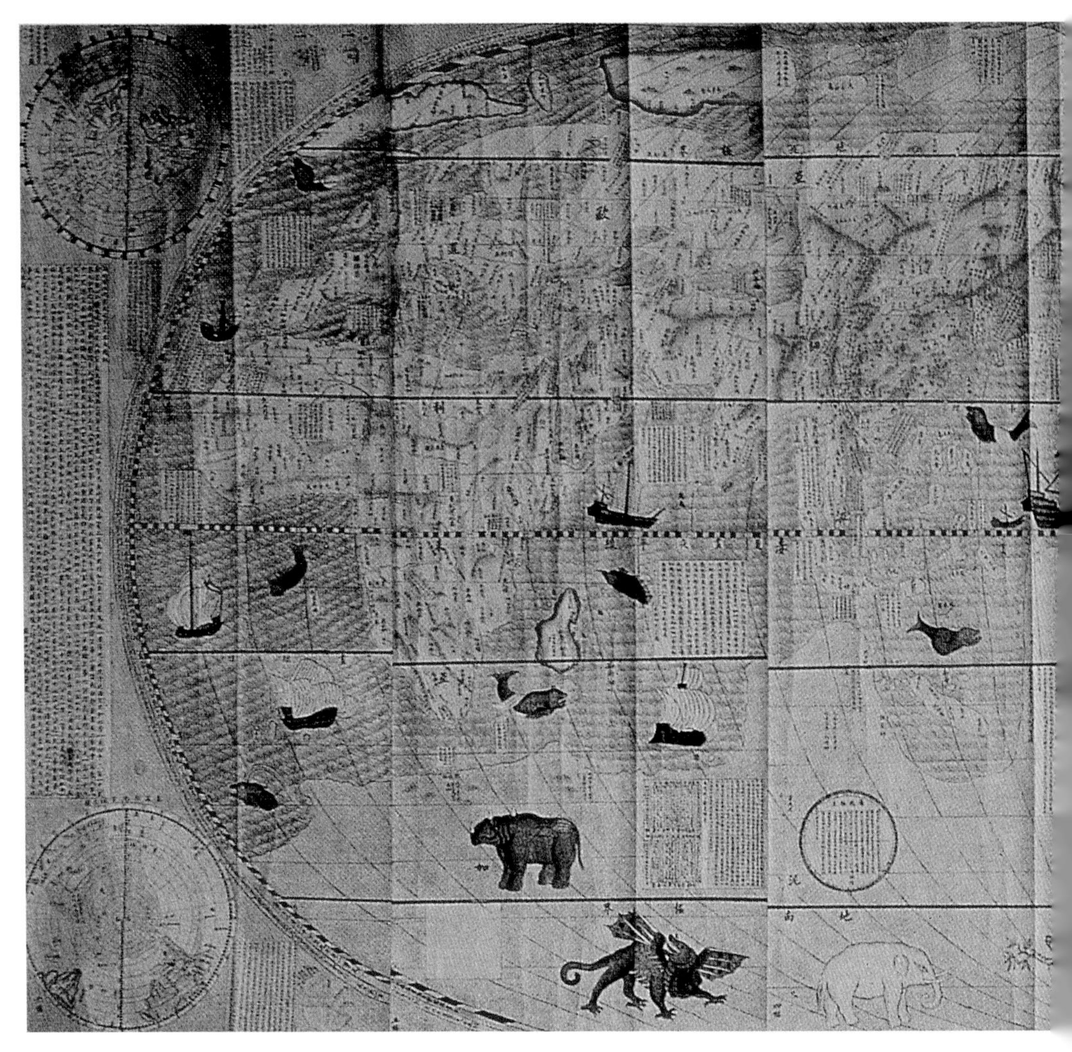

《坤輿萬國全圖》南京博物院藏本。明萬曆30年（1602年），利瑪竇於北京刊行的世界地圖。

年）至廣東肇慶，學習中國語文，精通《四書》。並到南京，遊說於大官之間。利瑪竇於傳佈教義之外，還將西方的天文、地理、算學、兵器等學科介紹給中國知識界，更設立醫院，為華人治病，因而逐漸得到華人的信賴。

利瑪竇於萬曆29年（1601年）與西班牙傳教士龐迪我（Didacus de Pantoja）一同到北京，獲得明神宗的接見，利瑪竇獻天主經典，基督、聖母圖像以及自鳴鐘、《坤輿萬國全圖》等物。

神宗准其在北京建堂傳教，不出幾年，已有200多位信徒，其教被稱為天主教。當時中國士大夫學習西洋科學的興趣甚濃，利瑪竇以傳授學術達成其佈道的目的。對於教義與中國傳統文化相互衝突之處，也加以調和折衷，因此甚

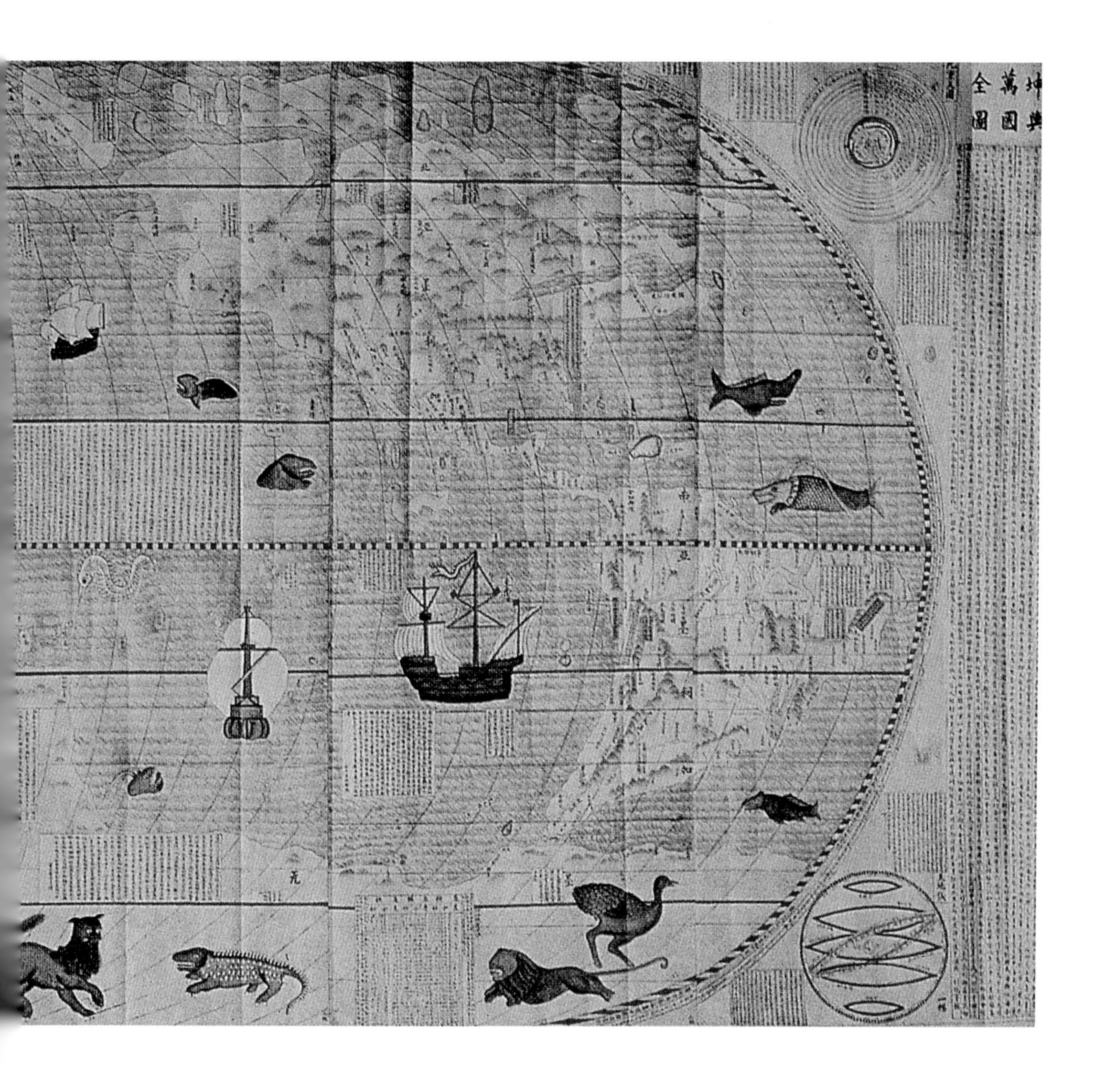

得朝野人士的讚賞，信徒日增。

利瑪竇、徐光啟的第 1 次見面

萬曆 28 年（1600 年），徐光啟路經南京與利瑪竇第 1 次相會，在這以前光啟已知有利氏這個人。但這次會面的時間很短，因光啟要趕著回家，但他仍向利氏吐露了以前聽到的基督教信仰。

據艾儒略（Giulio Aleni，義大利人）記載，光啟「萬曆 31 年（1603 年）癸卯，又至南都（今南京市），入天主堂，訪論天學之道，至暮不忍離去，乃求《天主實義》諸書於邸中讀之，達旦不寐，立志受教焉」，於是從傳教士羅如望（Joannes de Rocha，葡人）受洗，取聖名保祿（Paulus）。此時利瑪竇已在北京。

萬曆 32 年（1604 年），光啟赴北京參加萬曆甲辰科會試，結果中了進士，本科中舉的進士有 308 名，在會試之後，又舉行另一次考試，選拔翰林官，僅有 24 名被選上，考試結果，光啟得了第 4 名。

光啟成進士後，開啟批判明末流行的玄虛學風，尤注意反省、清算佛、老 2 氏對學風的影響；他也極厭惡八股文章之束縛思想。

北京天主教宣武門教堂的聖母山。

萬曆 32 至 35 年（1604～1607 年）光啟在京「實習」（授翰林院檢討前的「實習做官」），他與利氏的交往主要在這 3 年的館選（實習）期間，他們一直在一起工作，翻譯數學、水利學、天文學、地理學各類的書籍。其中最有意義，影響最大的要算《幾何原本》前 6 卷及《測量法義》（介紹陸地測量知識）的翻譯。此期間光啟甚至把年過 70 年的老父徐思誠帶到北京，在條件還不成熟時，要其父拋棄釋教，崇奉天主，其父因而接受了洗禮，思誠於 1 年後（1607 年）去世。

光啟因丁父憂、返原籍守制 3 年，期滿，萬曆 38 年（1610 年）回北京，此時利瑪竇已死。守制期間，光啟除了對《幾何原本》及《測量法義》兩書的譯本進行校改之外，還在上海進行農田實驗。當時江南水災嚴重，為了救災救荒，他試種福建一帶從外國引進的甘薯並且推廣了甘薯在江浙的種植，撰寫了《甘薯疏》上呈皇帝，號召全國推廣，以解決糧荒。其後更把甘薯推廣到北方種植。

萬曆 39 年（1611 年），光啟在京任較為閑散的翰林院檢討，與義大利耶穌會傳教士熊三拔（Sabbathinus de Ursis）合譯《簡平儀說》，該書陳述仿照星盤原理造簡平儀，用以觀測太陽經緯度、定時刻、定緯度等方法，還簡論大

利瑪竇與徐光啟——利瑪竇與徐光啟的交遊是 400 多年來膾炙人口的佳話，兩人為近代中西文化交流的代表人物。美國當代最重要的哲學家查爾斯・派格，將徐光啟與利瑪竇 400 年前的科學之交，奉為原不同信仰、文明或文化間「和而不同」的典範。而後來徐光啟篤信天主，並接受西學。圖片引自 Athanasius Kircher 的 *China illustrata*，阿姆斯特丹，1670。

北京宣武門教堂（南堂），為北京最古老的天主教堂，明萬曆 33 年(1605)，由利瑪竇（Matteo Ricci1551-1610 年）創建，但未完工利氏已逝。這個地點是徐光啟常來的地方。清順治 7 年（1650 年）湯若望（Johannes Adam Schall von Bell. 德國人）在原址營造新堂，現存建築為光緒 30 年（1904 年）重建。

宣武門教堂星期日做禮拜的情形（2004 年 1 月 18 日）。

地是個球體的概念。光啟在序言中寫了不少自己對傳入的西方科技知識的看法。第 2 年兩人又合譯了《泰西水利法》。

萬曆 41 至 46 年（1613～1618 年）間，光啟因力主以西洋曆法修正舊曆，遭守舊勢力反對，託疾離朝，有 2 年多的時間，在天津購置了土地，試種水稻、花卉、藥材。其餘時間多往返於京、津之間，這段時期，光啟寫成了《農政全書》綱目以及《類壅規則》。

萬曆 47 年（1619 年），東北的後金（滿清）在薩爾滸（今遼寧省撫順市東之大伙房水庫）大敗明朝經略楊鎬，京師大震，光啟累疏自請練兵，明廷遂召光啟於病中，練兵於通州，至天啟 3 年（1623 年）為止的 3 年多時間裡，光啟忙於選兵、練兵工作。根據黃一農院士的研究：明軍在 1621 年的遼瀋之役大潰之後，教會人士才得以因緣際會將西洋製大砲和澳門銃師解京，自此揭開近代中國學習西方物質文明的第一課。錢亦蕉、汪偉先生也指出：徐光啟從澳門進口了葡萄牙大炮，在北京城牆及長城各口建立連環炮台，扼守關隘。紅夷大炮在 1626 年發揮奇效，努爾哈赤中炮受傷，隨後不治，使這位雄才大略的清朝開國君主，終於沒能實現入主中原的夙願。。

不久，魏忠賢閹黨擅權專政，排擠忠良，貪瀆成風，政治黑暗腐敗。天啟 6 年（1626 年），光啟因觸怒閹黨，告病回上海「閑住」。他一方面從事農業試驗，另一方面進行《農政全書》的寫作。光啟的軍事著作《徐氏庖言》也是在這期間出版的（1627～1628 年）。

崇禎元年（1628 年），魏閹被捕、下臺，光啟被召還，至崇禎 3 年（1630 年）升禮部侍郎，在此期間，光啟對練兵、墾荒、鹽政等方面多有所建言，也從事曆法的修訂。自崇禎 4 年（1631 年）起光啟分批進呈所編譯各種圖書，此即有名的《崇禎曆書》（全書 46 種，137 卷），這時候光啟已經 70 歲了，但仍孜孜矻矻致力於西方天文曆法的研究，親自實踐，目測筆算。光啟生平儉僕，雖然做了大官，也不翻建新宅，上海老家「通籍 40 年，室廬不改」，只有 3 進大。崇禎 6 年（1633 年）8 月光啟累官至太子太保、文淵閣大學士兼禮部尚書，可謂位極人臣了。至 10 月病危時仍奮力筆耕不輟，整理《農書》，10 月 7 日（陽曆 11 月 24 日）一代哲人長逝於北京，享年 72 歲，諡文定。逝

上海市徐家匯天主教堂。徐光啟生前曾在這裡建造一所農莊及草屋，以作為農作物種植的實驗場所，而草屋則是光啟讀書、著作之處；明萬曆35至38年（1607～1610年）間，光啟居此。〈蕪菁疏〉、〈種竹圖說〉都是在此地寫成的。教堂建於清光緒32年（1906年），為上海最大的天主堂，光啟的子孫多有聚居在徐家匯的人。

利瑪竇墓。在北京行政學院校園內。墓前立有明萬曆38年（1610年）「耶穌會士利公之墓」碑。

明清以來外國傳教士墓地，在北京行政學院校園內，原在利瑪竇墓南，現將 58 方墓碑安放在墓的東側。

徐光啟墓，在上海市南丹路光啟公園內。

世時竟無遺下錢財。

朝廷遣專使護喪返上海，次年 2 月抵達，暫厝於雙園別墅（雙園是光啟的農業實驗場）。直到崇禎 14 年（1641 年）其子才決定將他葬在農莊別業之南。

徐光啟墓築於三水匯合處，他的一部分後裔在光啟墓附近定居下來，上海人便將這地方叫做徐家匯，後來附近形成一個小鎮。近百年來，徐家匯的範圍逐漸擴大，並且以徐匯二字作為區名。

徐光啟的主要翻譯與著作及匯編之叢書

一、《幾何原本》

《幾何原本》是近代第 1 部被翻譯的西方科學著作。

萬曆 34 年至 35 年（1606～1607 年）利瑪竇和徐光啟合作翻譯了歐幾里

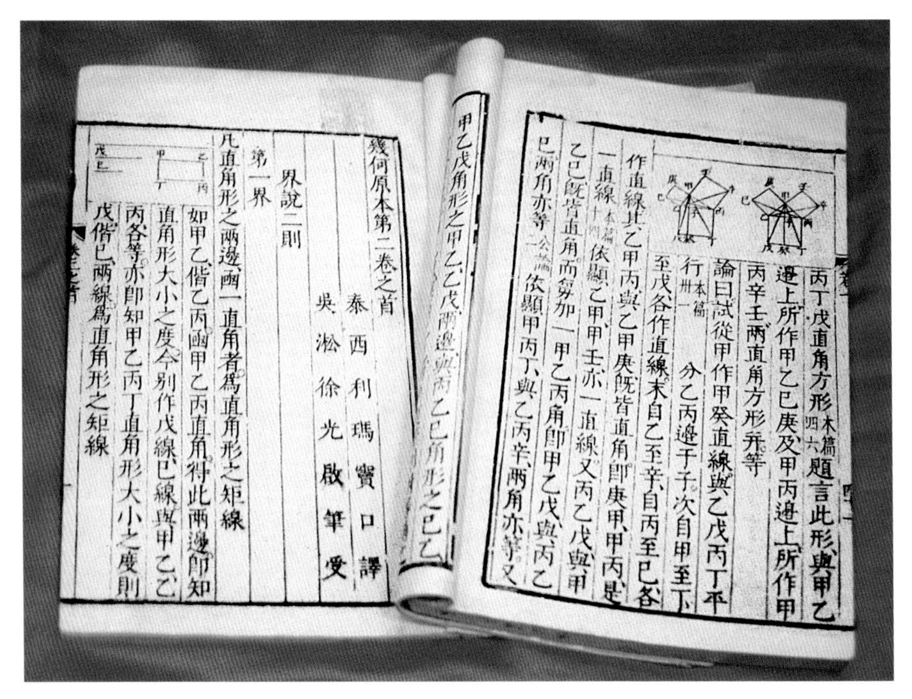
幾何原本第二卷之首

泰西利瑪竇口譯

吳淞徐光啟筆受

界說二則

第一界

凡直角形之兩邊函一直角者為直角形之矩線

如甲乙偕乙丙函甲乙丙直角得此兩邊即知直角形大小之度今別作戊線己線與甲乙丙各等亦即知甲乙丙丁直角形大小之度則戊偕己兩線為直角形之矩線

丙丁戊直角方形本篇四六題言此形與甲乙邊上所作甲乙己庚及甲丙邊上所作甲丙辛壬兩直角方形并等

論曰試從甲作甲癸直線與乙戊丙丁平行本篇卅一分乙丙邊于子次自甲至丁自甲至戊各作直線末自乙至辛自丙至己各作直線其乙甲丙與乙甲庚既皆直角即庚甲甲丙是一直線本篇十四依顯乙甲甲壬亦一直線又丙乙戊與甲乙己既皆直角而每加一甲乙丙角即甲乙戊與丙乙己兩角亦等公論二依顯甲丙丁與乙丙辛兩角亦等又

甲乙戊角形之甲乙乙戊兩邊與丙乙乙己角形之己乙

《幾何原本》書影。利瑪竇與徐光啟合譯，收錄於明·李之藻編之《天學初函》套書。這版本為明朝崇禎年間刊本，或稱《天學初函》本。國家圖書館藏。梁啟超稱讚《幾何原本》譯作「字字精金美玉，是千古不朽之作」。

得（Euclid）的《幾何原本》前 6 卷，採用利氏在羅馬學院學習時的老師丁氏（C. Clavius）的 15 卷拉丁文譯注本為藍本。

《幾何原本》是古希臘數學家歐幾里得於公元前 3 世紀總結前人的成果編纂成書的，為一部具有嚴密體系的數學名著，它從 10 個公理出發，按嚴格的邏輯證明 467 個命題。

卷 1 前有「界說 36」、「求作 4」、「公論 19」，相當於現在所說的定義、作圖公法、公理等，是全書推理的基礎。

卷 1 論三角形，卷 2 論線，卷 3 論圓，卷 4 論圓內外形，卷 5、卷 6 皆論比例。

每題有法、有解、有論、有系。法言題用，解述題意，論闡述所以然之理，系則為旁通者。

此書譯名全部從無到有，只能靠徐光啟去思索創造。400 年前他定的許多譯名如：點、線、直線、曲線、平行線、角、直角、銳角、三角形、四邊形……這些名稱至今仍在數學課本上，並且也影響朝鮮、日本。光啟曾說「一物

徐光啟編纂之《農政全書》書影，明崇禎 12 年（1639 年）應天巡撫張國維刊本（即平露堂原刻本）。國家圖書館藏。

不知，儒者之恥」，所以不畏艱難來譯此書。

復旦大學哲學學院李天綱教授認為《幾何原本》的翻譯就是要把當時歐洲所有學科「方法中的方法」引入中國，把最基礎的邏輯推理方法帶給國人。

光啟在序中稱「幾何原本者，度數之宗，所以窮方圓平直之情，盡規矩準繩之用。」、「舉世無一人不當學」。這本書的傳入，不但對中國數學，而且對中國天文、曆法等許多學科產生重大影響。這是因為數學乃「眾用所基」，能為許多學科所用之故。他預料「百年之後必人人習之，又以習之晚也。」250 年後，1857 年偉烈亞力（Alexander Wylie）和李善蘭合譯出後 9 卷（據 15 卷版本）。

二、《農政全書》

中國古代以農立國，光啟痛心於「國不設農官，官不庀農政，士不言農學，民不專農業」。於是著這一部書。

本書有 60 卷，約 50 多萬字，大部分是分類匯輯引錄 299 種古代及明朝當時的各種文獻。特色在試驗及學習西方先進技術，並提出光啟自己的心得（其見解約 6 萬多字）。全書共分 12 門：農本（傳統重農理論）、田制（土地利用方式）、農事（耕墾和氣象）、水利、農器、樹藝（穀類及果蔬各論）、蠶桑、蠶桑廣類（棉、麻、葛）、種植（竹本及藥用植物）、牧養、製造（農產品加工）、荒政（備荒措施，附〈救荒本草〉、〈野菜譜〉）。

全書不但匯集前人的成就，又闡述自己的見解。夾注、旁注、評語、圈點皆為光啟所加。

〈水利〉門中提出水利利用各種泉水，江河涇濱流水、湖沼積水、潮汐與海島用水等 5 法；〈作原作瀦〉門中談及對鑿井、挖塘、修水庫用水的理論與方法；〈荒政〉篇中所列災荒時可代食的野菜，常注以「嘗過」、「嘉味」、「難食」等字樣，標出光啟自己試驗之心得；對長江三角洲地區的棉花栽植也據實驗，提出「精揀核，早下種，深根短幹，稀棵肥壅」的栽種理論。

光啟逝世時《全書》尚未完稿，後由其門生陳子龍整理成書。崇禎 12 年（1639 年）由應天〈南京〉巡撫張國維刊行。

三、《崇禎曆書》

此書是西方近代自然科學傳入中國後的第 1 部多人集成之作。徐光啟為了驗證西法優於舊法，曾多次預推日、月食時刻，比較出「宋、元以來差以刻計」，用西法則「差以分計」，要修曆書須借重西法及西方科學知識。

《崇禎曆書》由徐光啟、李天經主編，鄧玉涵（J. Terrenz，瑞士人）等人譯稿，自崇禎 2 至崇禎 7 年（1629～1634 年）間編輯而成。清代人稱為《西洋新法曆書》或《西洋新法算書》。全書 137 卷，分節次六目（日、恆星、月離、日月交食五緯星、五星淩犯）與基本五目：法原（天文學理論）、法數（實用天文數據表）、法算（天文學計算中必須的三角學與幾何學知識）、法器（天文儀器的結構與性能）、會通（中西各種度量單位的換算表）。

《法原》是全書的核心，約占總量的 3 分之 1。採用丹麥天文學家第谷（Tycho Brahe）所創立的宇宙體系。用本輪、均輪等小輪體系解釋天體運動的速度變化。引入清晰的地球與地理經緯度概念，以及球面天文學、視差、大氣折射等天文概念和有關的改正計算方法。將一周天分為 360 度，一晝夜分

北京建國門外明清時代的古觀象臺。

璣衡撫辰儀，接受西方科技製成的天文儀器，清乾隆 9 年（1744 年）製，北京・明清古天文臺安放。見清・允祿《皇朝禮器圖式》。

南京紫金山天文臺陳列的清末複製的天體儀。球徑 3 尺，嵌有 1449 顆恆星，沿襲了中國古代星名和星座的劃分。南極圈內的星座是明末由西方傳入的。明製渾儀、清製天體儀等於 1900 年八國聯軍之役被德國掠去柏林，清政府於 1903 年複製此儀。至 1921 年據〈凡爾賽和約〉5 件古儀器才歸還中國。

元代郭守敬設計，皇甫仲和仿製於明正統 2 年（1437 年）的赤道式渾儀。原安放於北京明清古觀象臺，明末徐光啟與利瑪竇曾參觀過。1933 年，因中日戰爭，日趨緊張，為保護文物，運往南京紫金山天文臺。

接受西方科技製成的地平經緯儀，主要用以測定天體的方位角和地平高度。南京紫金山天文臺安放。

96刻24小時，度、時以下採用60進位制等。

西洋宇宙觀的發展到16世紀中葉時有劃時代的改變，公元1543年哥白尼（N. Copernicus）提出「太陽中心體系」，後來伽利略（G. Galilei）、哥白尼把太陽系模型造出，認為地球實繞太陽轉，但是這種宇宙觀為教會禁止。公元1582年第谷為調和哥白尼學說與《聖經》之間的矛盾，提出一個折衷之說，主張這種體系是以地球為中心，日、月及諸恆星均作繞地運動，其它5大行星則作繞日運動。第谷學說是當時教廷所主張的宇宙中心體系。耶穌會教士基於教義，對哥白尼的天體運行論祕而不傳。到了18世紀中葉，羅馬教會才解除對哥白尼著作的禁令。

無可否認的、光啟的天文思想是承繼自利瑪竇的，當然反映在《崇禎曆書》中，《崇禎曆書》介紹、採用第谷的宇宙體系，對中國產生長時間影響（到18世紀末葉，錢大昕把〈坤輿全圖〉所附加的文字稿定為《地球圖說》公開發行，中國民眾這才明瞭哥白尼學說）。

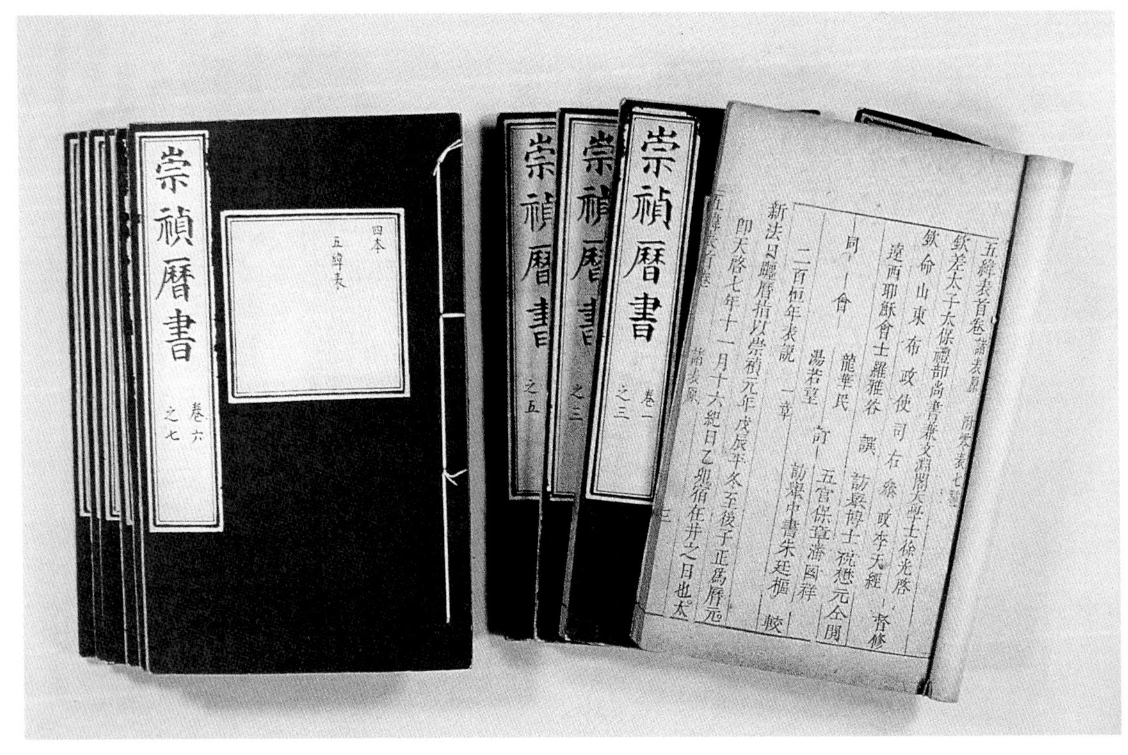

《崇禎曆書》書影。北京，故宮博物院藏。

儘管如此，為了《崇禎曆書》的譯撰，傳教士等人還是提供了這一時期歐洲自然科學最好最完備的資料（約 700 餘冊）給中國，如古代的有托勒密（C. Ptolemaeus）的《天文學大成》，近代的有各種天文學原理與計算用表，包括哥白尼的《天體運行論》初版本，丁氏的《天文表》等，開普勒（J. Kepler）的《宇宙論》、《魯道爾夫星行表》等，以及第谷的各種著作，還有伽利略、撒克洛波斯谷（J. Sacrobosco）等名家著作。因而《崇禎曆書》內出現過托勒密、第谷、哥白尼 3 種計算結果的比較。甚且光啟也用伽利略發明的望遠鏡觀測日、月食。

四、《徐光啟集》

是集為王重民教授據舊本輯校，約 35 萬字。收入奏疏、書牘、論、說、策、議、序、跋、記、贊等文章 204 篇，詩 14 首，按文體與年代分類編排，蒐集較全。末附傳記資料及其他有關資料數篇。以奏疏序跋為多，多與光啟所譯、所著之科學作品相闡發，為研究中國科學發展史及光啟生平思想之重要文獻。

重要參考資料

《明史・徐光啟傳》。

北京天文館編《中國古代天文學成就》北京科學技術出版社。

林金水《利瑪竇與中國》北京，中國社會科學出版社，1996 年。

杜石然、杜方〈徐光啟的「主於實用」之學〉收錄於陳鼓應、辛冠潔、葛榮晉主編《明清實學簡史》北京，社會科學文獻出版社，1994 年。

吳楓主編、高振鐸、顏中其副主編《簡明中國古籍辭典》吉林文史出版社。

孫尚揚《基督教與明末儒學》北京，東方出版社，1994 年。

張西平《跟隨利瑪竇到中國》北京，五洲傳播出版社，2006 年。

張省卿〈從湯若望肖像畫論東西藝術文化交流〉，《故宮文物月刊》169 期，1997 年 4 月。

潘鼐〈崇禎曆書的成書前後〉、楊小紅〈利瑪竇的天文學活動〉、王德昌〈紫金山天文臺古代青銅天文儀器的全面修復〉，以上 3 文俱收入《中國天文學史文集》第 6 集，科學出版社。

沈君山〈中國古代天文的發展〉（1979 年 3 月演講）收錄於《中國通史論文選輯》新竹，國興出版社。

黃一農〈徐光啟、薩爾滸之役與西洋火砲〉，利瑪竇、徐光啟合譯《幾何原本》400 週年紀念研討會，2007 年。

汪偉、錢亦蕉〈《幾何原本》的大時代〉，《新民周刊》453 期，2007 年 11 月 11 日。

〈是他把邏輯推理帶給了國人〉，董純蕾、馬亞寧、唐潔《新民晚報》2007 年 11 月 6 日。

彭勇〈歷史給明朝的最後一個機會宰相是個科學家〉，引自《人物週刊》，中國經濟網。

本文原載《牛頓雜誌》170 期，1997 年 7 月號，2007 年 12 月根據新資料增訂。

愛新覺羅・玄燁
愛新覺羅・弘曆

整治黃河、淮河、浙江海塘的水利工程之巡視

從康熙 23 年（1684 年）到乾隆 49 年（1784 年），這整整 100 年裡，兩位清朝皇帝，各 6 次的「翠華南幸」，聲勢浩壯，所動員的人力、物力，其盛況是中國歷史上曠古未有的。

一般人認為清帝下江南是為遊山玩水，實則更重要的目的是視察黃河、淮河、洪澤湖、大運河及浙江海塘的水利工程。

康、乾二帝所視察的黃河，原河道與今河道，已相距二、三百公里左右，透過本文可了解其變遷。

江蘇揚州瘦西湖
五亭橋及白塔

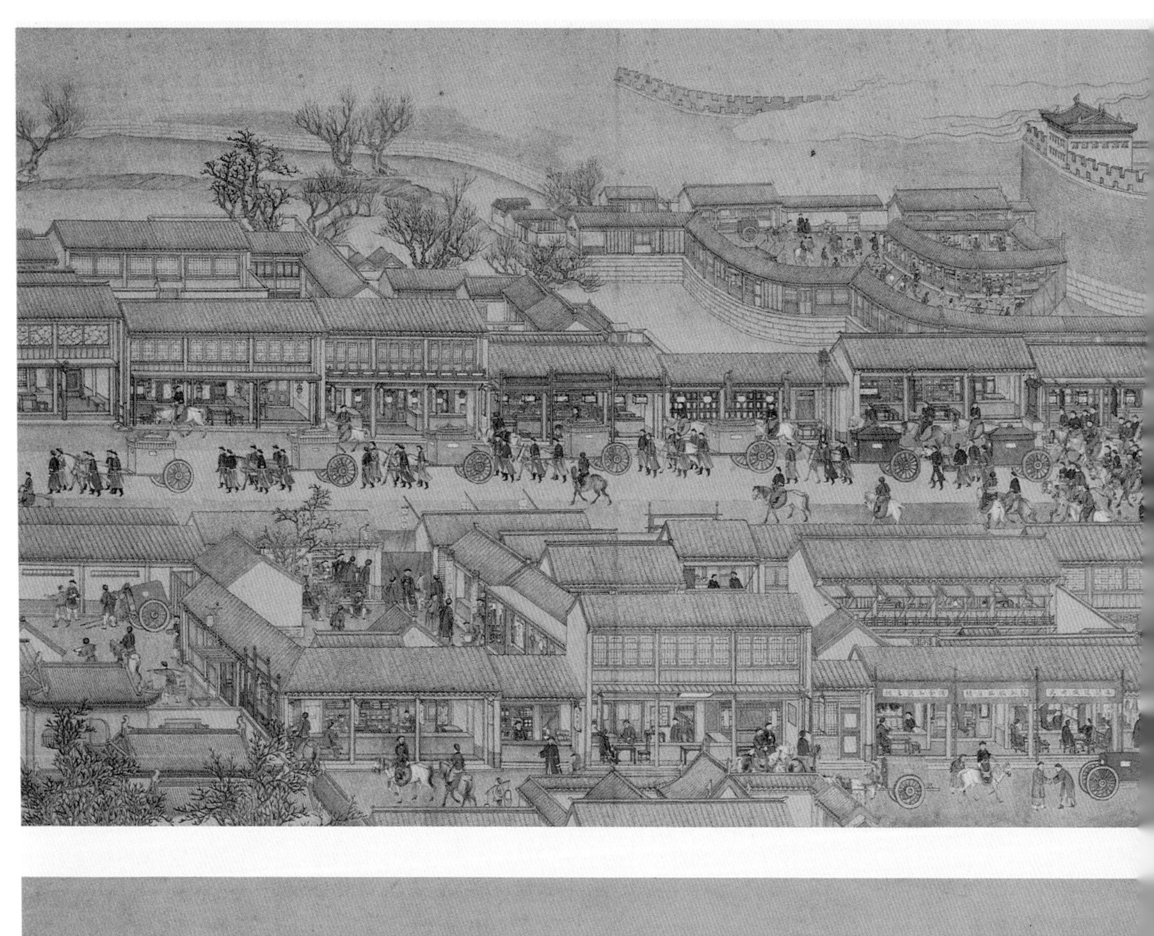

清・徐揚繪：《乾隆南巡圖》，北京，中國國家博物館藏。

康熙帝像。北京，故宮博物院藏。本書作者謝敏聰讚譽康熙皇帝是中國歷史上最好的君主，儒家所期待的聖天子（即希望由聖人來當皇帝，不然則希望皇帝是聖人），2000多年來，僅出現過康熙帝 1 人。

乾隆帝像。北京，故宮博物院藏。他是專業的皇帝，治理黃河與整治浙江海塘等水利工程是其科學成就。

康熙朝前期的河患

清初的黃河水患十分嚴重，在順治帝統治的 18 年（1644～1661 年）裡頭，由於戰亂不息，河道年久失修，黃河決口達 20 次之多，到康熙朝前期，水患更加禍害，僅康熙元年到 15 年（1662～1676 年）黃河就決口 45 次。黃河的水患既影響了大運河的漕運，也給廣大人民的生命財產帶來極大的威脅。如康熙 6 年（1667 年），黃河決口桃源（江蘇省泗陽縣），沿黃河州縣悉受水災，尤以「高郵（縣）水蓄幾二丈，城門堵塞，鄉民溺斃數萬」。

早在康熙帝親政之初，他「以三藩及河務、漕運為三大事，夙夜　念」，「書而懸之宮中」，並反覆詳考，從古治河之法，並常派人深入災區詳加調查，提供治河資料。

黃河決口的原因

黃河全長 5464 公里，發源於青海省，中游流經內蒙、陝西、山西和河南西部，不僅容納陝西、山西之間數十條支流的水，而且夾帶大量黃土高原的泥沙。平均每立方公尺含沙量達 37 公斤，暴雨時（農曆 5～8 月間）最多超過 600 公斤。有「一碗水，半碗泥」之說。到了河南孟津，進入下游，地勢驟然平坦，河道寬闊，水流緩慢。中游帶來 16 億噸泥沙，有 4 分之 1 左右沈在河床中，每年河床平均升高約 10 公分，這樣年復一年，越沈越厚，把河床墊高了，於是拼命築堤防堵水，以致下游河道成為高出兩岸平地的「懸河床」，一般高出地面數公尺，乃至 10 多公尺。堤防如果年久失修，遇雨季、汛期，極易沖決改道。

大運河的起點—杭州拱宸橋

黃河下游河道淤積的粗泥沙集中來源地

長期以來，黃河泥沙尤其是粗泥沙的不斷淤積是黃河最為複雜難治的根源，使得黃河下游成為舉世聞名的「地上懸河」。這些粗泥沙粒徑大於零點一公釐，粗泥沙輸沙模數為每平方公里 1400 噸以上，對黃河下游河床不斷淤積抬高影響最大。

據 2005 年 3 月 31 日中新社報導，1 年多來，黃河水利委員會多個部門協同攻關，從地質鑽探取樣、泥沙粒徑分析、粗泥沙輸沙模數等方法入手，並藉助遙感和 GIS 技術，綜合確定出了粗泥沙集中來源區，該區域位於黃土高原地區的窟野河、皇甫川等 9 條黃河重點支流流域內，面積為 1.88 萬平方公里。

淮安市清河區的黃河故道，此即康熙、乾隆所巡閱的黃河。今河道已由山東省利津入海。1995 年 2 月攝。

元、明、清三朝定都北京，京杭大運河由杭州的拱宸橋到北京東便門外的大通橋，全長 1794 公里左右。黃河、淮河、大運河於淮安市清河區中心西南 10 公里的清口交會，水大流急，更增加了氾濫的可能性。因此整治黃河不單純是疏導通流，防止氾濫，還要使黃河保持相當的水位，以便儲蓄黃河之水，接濟大運河。

宋代迄今黃河變遷——康熙、乾隆所巡黃河已成廢河道

宋太宗時（976～997 年），黃河在滎澤決口，東南流到彭城（今徐州）與泗水、淮水相會，這是黃河注入淮河的開始。

南宋紹熙 5 年（金明昌 5 年，公元 1194 年），黃河在金朝統治區內的陽武（今河南省原陽縣）決口。一支北流由山東省利津入海；另一支奪汴水、泗水、淮水等河道南流。從此南支形成了長期流經徐州的局面。路線是由滎陽以北向東南流，經浚儀（今開封）、商丘到徐州，然後會合泗水入淮河。

明弘治 8 年（1495 年），在黃河北岸，從河南省汲縣到江蘇省的銅山縣 200 多公里間，修築太行堤，堵絕了 1194 年向北分流的一支後，黃河南流的正流，從河南省蘭考縣北銅瓦廂東南流，在商丘北入江蘇省境，經碭山北，過徐州、宿遷、泗陽抵淮安市清河區，折向東北經漣水，在雲梯關注入黃海。

清帝 12 度的南巡，基本上即巡閱由徐州到淮安市清河區這一帶的黃河。由於在咸豐 5 年（1855 年）黃河在蘭考附近的銅瓦廂決口，北徙到利津入海。

康、乾二帝所巡視的黃河今已成為廢河道。廢黃河在徐州以上乾涸無水，呈槽形窪地；徐州以下，有些河段河床有水，可以行船。

靳輔第一階段治河

康熙 16 年（1676 年），以靳輔為河道總督，到 23 年（1684 年），是為靳輔治河第一階段。重要工程有：

一、疏黃河下游河道，在清江浦（今淮安市清河區）以東的黃河兩岸各疏濬引河一道，以所挑的土，築兩岸的大堤，一直造到距離海岸 50 公里。

二、治上流淤墊：高家堰西至清口小河兩旁各挑引河一道，以引淮河沖刷黃河淤沙。

康熙第一次南巡（註：本文所有年、月、日，沿用史書記載，以農曆為準）

康熙為了視察靳輔治理黃河情況，於是有了「南巡」。康熙 23 年（1684 年）9 月 28 日由北京啟行。沿永定河經順天府永清、霸州、河間府任邱、河間府城、獻縣、阜城，到山東省德州，經濟南府平原、禹城，抵濟南府城，臨趵突泉覽視，再經長清至泰安，登泰山玉皇頂，並祀泰安城內東嶽廟。

東省濟南市趵突泉。為濟南 72 泉之首，康第 1 次南巡曾臨視趵突泉。

後走新泰，從沂州府蒙陰、沂州、郯城入江南徐州府宿遷境，往淮安府桃源臨視黃河北岸諸險工 90 公里。御舟過黃河，臨視清河縣（即清江浦，今淮安市清河區）的天妃閘（南方往北的漕船由此入黃河），過寶應縣高郵湖一帶見兩岸民居田畝被水淹沒。過揚州府城、儀真，泊鎮江府城，遊金山、焦山，經丹陽、常州府城、無錫、駐蘇州府城，遊虎丘等名勝，回折途中遊無錫惠山，至丹陽，由陸路經句容到江寧府城（今南京市），登雨花台，親祭明孝陵，泊

由鎮江輪渡到揚州，1995 年 2 月攝。現已有潤揚長江大橋，可由公路直接連繫二大都市。唐・李白：〈送孟浩然之廣陵（揚州）〉詩句：「孤帆遠影碧山盡，惟見長江天際流」。

燕子磯，回程長江泊儀真，經江都、高郵、淮安府城，到清河縣天妃閘，臨閱高家堰堤工，到清口閱黃河南岸險工，經桃源、宿遷入山東郯城紅花舖，經費縣、泗水，取道曲阜，謁孔廟，遊覽聖地，經兗州城、汶上、東阿、東昌府高唐州、德州，從直隸阜城、河間經保定府雄縣、永清、南苑，11 月 29 日回到北京城。共 60 天。

這次南巡途中的重要經歷有：

登東嶽題「雲峰」二字　10 月初 10 日中午，登泰山，傍晚登上岱頂，於碧霞元君祠行禮，並到極頂玉皇宮行禮，晚上駐蹕泰頂行宮。11 日再到碧霞元君祠行禮，辰時下山設鹵簿（儀仗）於泰安城北，御輦詣東嶽廟。書寫「雲峰」二字，命於泰山頂上磨崖勒石。

體恤伕役勞苦　乘輿自宿遷至清河，所過之處，見河工伕役運土，捲埽下樁，夯築甚力，康熙皆駐轡久之，親加慰勞。再指示河臣靳輔說：「堤上伕役，風雨晝夜，露宿草棲，勞苦倍常，康熙恐有不肖官吏，從中侵蝕，中飽私囊，一定要使役伕沾實惠，不可不加意軫恤也。」

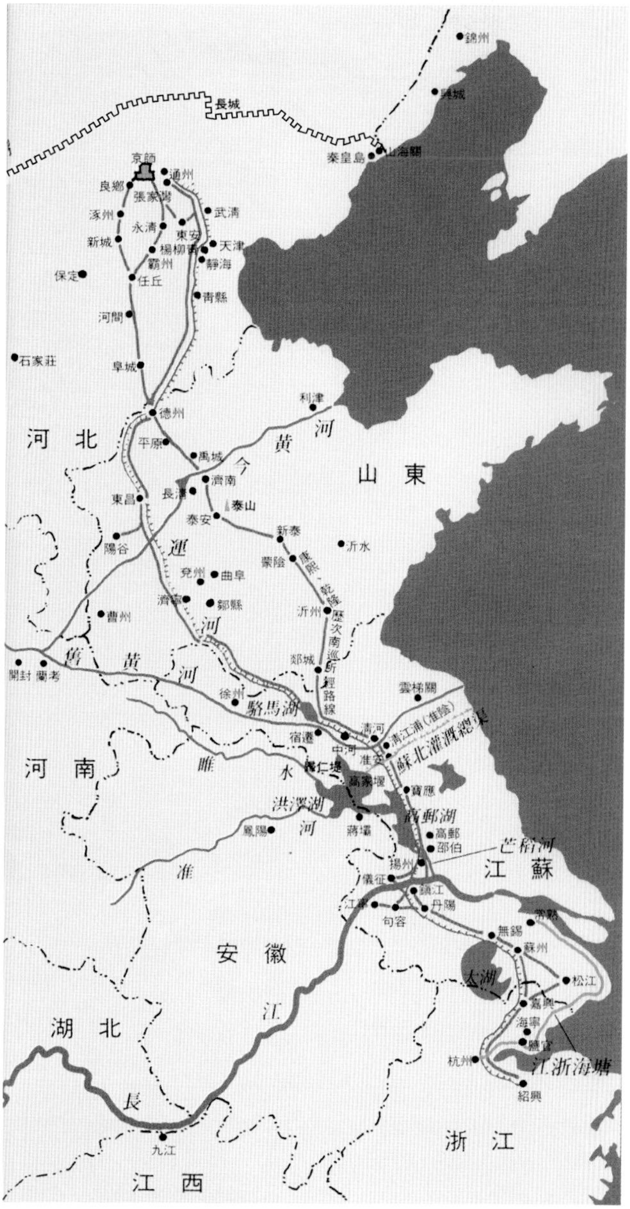

舟過寶應、高郵見水災　康熙歷視直隸（今河北省）、山東、江南諸處，惟高郵等地方，甚為可憐。水雖乾涸，但居民擇高地棲息，而廬舍田疇仍被水淹，惻隱之心，油然而生，責總督王新命要多方籌劃，濬水通流，拯救居民。康熙也登岸親自走在堤岸 6、7 公里，察看地勢，召集讀書人、老人詳細詢問水災原因，以作為抗洪的參考。

親祭明孝陵　清廷入關之初，江南人民曾激烈反抗，清政府也進行了殘酷的鎮壓，致使滿漢族群對立，為緩和族群矛盾，康熙首次南巡，即拜謁明孝陵，並親作祝文，向明太祖神位行三跪九叩禮；又到寶城前行三獻禮，據說當時「父老從者數萬人，皆感泣」。以後康、乾二帝每下江南路過江寧，多次祭明太祖陵。

康熙、乾隆治河與南巡示意圖

臨閱高家堰大堤　高家堰工程是洪澤湖與高郵、寶應諸湖之間的堤堰。它的最大功能是挽湖束水、捍淮敵黃，使淮河經洪澤湖沛然而出清口；同時也是大運河的屏障。高家堰即今洪澤湖大堤，康、乾二帝每次下江南均到高家堰巡視。

淮安市清河區至揚州段的大運河水量主要由洪澤湖補給。明永樂年間

高郵附近的大運河。
揚州到淮安市清河區
大運河稱為裡運河，
大運河最壯闊的一段
運河水由高郵湖、寶
湖接濟。今運河底及
湖底平面均比運河東
外的裡下河地區要高
此乃在運河東堤上拍
的。越過照片右方的
林即為洪澤湖。

泰山頂上大觀峰摩崖刻石。「雲峰」二字為康熙御筆，筆力雄健，結構精整，神彩炳煥，褚墨間備乾坤之廣大，並雲漢之光華。當日天色晴霽，與本文作者登泰山時天氣一致。最右刻石為唐玄宗御製「泰山銘」。

（1403～1424 年），實行「蓄清刷黃濟運」的政策，把高家堰土堤向南延長 40 公里到蔣壩，以攔蓄含沙量較少的淮河來水（清水），提高洪澤湖水位，一方面沖刷黃河來水的泥沙，使之東流入海，一方面補充運河水量。

到了明萬曆 8 年（1580 年），高家堰一帶的土堤改築石工牆（長 10 餘公里）。所用每塊條石重達 3、400 公斤，構築時先在地下打一層梅花形杉木樁，樁上鋪築大城磚。令人驚歎的是，這些石工牆的水平高度經現代儀器測量均為海拔 17 公尺，在 400 多年前如何精確至此？據說負責此項工程的傑出水利專家潘季馴（1521～1595 年）把穀糠撒在湖中，讓它漂浮到岸邊，凡黏附浮糠的地方就是等高線。此後石工牆不斷延伸，直到乾隆 16 年（1751 年）大堤才最後完工，總長 60 公里，歷時 170 多年。

南京明孝陵寶城明樓

南京明孝陵武翁仲

到清口閱黃河南岸險工　古黃河、淮河、大運河三水交匯處，史稱「清口」，就在今淮安市清河區中心西南約 10 公里的碼頭鎮奶奶廟村一帶。清口水大流急，淮安市清河區（清代名清江浦）就成為裡運河（由淮安市清河區到揚州的大運河）全線險情最多的一段。為此，清雍正年間在今淮安市清河區設立「江南河道總督衙門」，專司治河、導淮、濟運。清廷每年從財政收入的 5 分之 1 提撥給南河衙門作為防治經費。清代乾隆年間，清江浦是一個與揚州、蘇州、杭州齊名的都市，人口有 50 萬。

聖地祀孔　康、乾二帝經常在南巡回程，到孔子出生地曲阜祀孔廟、謁孔林，以表示對中國傳統文化的尊重。

曲阜為少昊故墟，周朝初年到春秋時代，為周公子孫的封國——魯國的首都。

曲阜孔廟是中國規模最大的孔廟，前後共 9 進院落，面積 10 萬平方公尺。主體建築大成殿，清雍正 2 年（1724 年）重建，重檐九脊，斗栱交錯，黃瓦朱甍，巍峨宏麗，氣象莊嚴。

孔林是孔子及其後裔的墓地，林牆周長 7 公里，家族墓地延用 2000 多年，是中國僅有的一例。

靳輔治河第二階段

從康熙 24 年（1685 年）到 27 年（1688 年）靳輔被革職，為靳輔治河第 2 階段。

在下游治河取得成效以後，靳輔認識到「河南地在上游，河南有失，則江南河道淤澱不旋踵」，而把河工逐漸移到黃河中游。第 2 階段的主要工程為：開闢中河。原先，漕船出清口入黃河，行 100 公里始抵張莊運口。此時在清河縣西仲家莊建閘，上自宿遷、桃源、清河 3 縣黃河北岸，由仲家莊閘，進入中河，歷皂河、泇河北上。如此運河避開了黃河 90 公里的險溜，舟楫可以來往，漕運暢通。

康熙於第 1 次南巡後，不忍高郵、寶應一帶民房、田地盡被淹沒水中，以于成龍管理下河事務，負責疏濬海口，排出高、寶一帶積水。但實際上是行不

山東省曲阜市
孔廟大成殿

通的。因為下河最窪處低於海平面2.5公尺，若疏濬海口，不僅陸地積水排不出去，而且會引來海水倒灌。對於康熙的錯誤主張，靳輔大加反對，提出「築堤束水以注海」，終於被革職。隨後康熙命王新命為河道總督。透過康熙28年（1689年）的第2次南巡，實地勘察後，康熙進一步認識到靳輔方略的正確。

康熙31年（1692年）靳輔復為河道總督。靳輔復職不久即積勞成疾，死於任上。康熙命于成龍繼任，于循靳輔的路子作興修。康熙34年（1695年）于成龍因父喪回旗守制，漕運總督由董安國繼任，董安國凡事俱委下人，荒唐地在近黃河海口的馬家港修築攔黃大壩，致使下流不暢，河工日壞。康熙37年（1698年），康熙撤換董安國，重新命于成龍為河道總督。此後治理黃河工程基本上都由康熙設計、指揮。

康熙親理河工

經過幾十年的治河經驗，康熙明瞭「上流既理，則下流自治」，即只有解決黃河水倒灌洪澤湖、淮河問題，黃河下游的沖決氾濫才能避免。於是康熙38年（1699年）開始第3次南巡，對治河作了具體布署：

一、深濬河底，即將清口以西的河道濬直，用急流之水沖刷淤沙，以濬深河底，以便使河水低於洪澤湖水面，以免倒灌。

二、改修清口，將黃河、淮河之堤各迤東彎曲拓築，使之斜行旁流，避免黃河倒灌。

三、拆毀董安國修築的攔黃壩，保持黃河下流的暢通。

四、在蔣壩開河建閘，將高郵一帶的湖、河水由芒稻河、人字河引出，注入長江，減輕下河壓力，迅速排出高、寶一帶積水。

在這次南巡中，康熙甚至提出使黃河河道北移的構想，以保淮水通流。康熙這些治法和思想比靳輔更先進，除了濬直河道，並且千方百計治理下河積水，更提出使河道北移以解決清口一帶的水患，既要治河、濟運、通漕，也要保護民生。想不到黃河在1855年決口河南省的蘭封考城之間，自動的北移了。

康熙42年（1703年）的第4次南巡，就是為了檢驗河臣張鵬翮3年來所

浙江省紹興市大禹陵。康、乾二帝南巡主要目的之一為巡視河工，康熙十分欽崇大禹治水事蹟，親詣禹陵，並書「地平天成」於禹廟。康、乾二帝於第2、1次南巡時，謁大禹陵廟。

做的河工項目，此時的黃淮整治告成，應該是康熙在50壽辰最足堪慰的事。

兩年以後，即康熙 44 年（1705 年），皇帝第 5 次南巡，目的是親閱中河南口改建工程。康熙閱視楊家莊新開中河閘口及附近堤岸民居安全之後，非常得意。並在清口閱高家堰，至惠濟祠（奶奶廟）觀水勢，坐於堤上，見河工大成，甚為快然。

康熙46年（1707年），又進行第6次南巡，這次南巡的目的不是擔心黃河倒灌，而是清水敵黃有餘，而使淮河稍洩其流，使水未漲時多出黃河一分，少入運河一分，以保護運河東堤安全。

康熙於南巡中，不只勤於政事，且躬行節儉，不講排場。每次南巡均簡約儀衛，扈從者僅300餘人，一路上不設營幄，不御屋廬，一切供應，皆令在京官府儲備，不濫取之民間。多次告誡臣下，南巡是為百姓閱視河道，咨訪閭閻風俗，非為游觀，因而嚴禁地方官吏布置供帳，科派擾民。由於康熙崇儉黜浮，官吏不敢鋪張。另蠲免百姓積欠的稅、對廣大士大夫普遍加恩，赦宥囹圄。因此康熙所到之處，萬民瞻仰，莫不歡忭。官吏更用心河工，此後到1855 年淮安市清河區到揚州一帶未有大水患。康熙仁民愛物，

浙江省紹興市蘭亭曲水流觴

憂國憂民，時時為天下百姓設想，人溺己溺的精神，嚴以律己的態度令人感佩，不愧是「聖祖仁皇帝」、「大禹第二」。本書作者讚譽康熙是中國歷史上最好的君主，儒家所期待的聖天子，2000 多年來，僅出現過康熙 1 人。

「瞻園」二字為乾隆帝御筆

乾隆下江南

乾隆 14 年（1749 年）10 月降諭，定於 16 年（1751 年）正月巡幸江南。自清初入關到此時已有 106 年，長期的休養生息，出現了天下太平、經濟繁榮、版圖廣大、統治穩固的局面，與康熙朝正在奠定根基、勤儉樸實、開疆拓土有很大不同，社會上層階級也瀰漫奢靡之風。

乾隆心慕聖祖康熙南巡受百姓扶老攜幼、夾道歡迎的場面，「盛典昭垂，衢謠在耳」，也於乾隆 16 年（1751 年）、22 年（1757 年）、27 年（1762 年）、30 年（1765 年）、45 年（1780 年）、49 年（1784 年）6 次南巡，以「眺覽山川之佳秀，民物之豐美」。

在南巡前的 1 年乾隆即發布諭旨，著手準備。皇帝欽簡的總理行營大臣是負責安排巡幸事務的最高指揮官，由其籌畫。自北京至杭州，往返路程近 6000 里（1 華里約等於 450 公尺），南巡日數最長有 125 天的，途中建行宮 30 處。每隔 2、30 里設 1 座尖營，以供皇帝暫時休息。乾隆南巡，從北京出發後，陸路經直隸、山東到江蘇的清口渡黃河，乘船沿運河南下，經揚州、

南京瞻園一景

蘇州虎丘劍池。康熙南巡，曾攜宮眷遊此「吳中第 1 名勝」。

蘇州獅子林，建於元至正 2 年（1342 年），以太湖石堆疊的石林洞壑為其特色。乾隆下江南後，也仿建獅子林於北京長春園及熱河避暑山莊。

鎮江、丹陽、常州、蘇州抵達浙江境內。

陸路的御道非常講究，幫寬 3 尺，中心正路寬 1 丈 6 尺，兩旁馬路各 7 尺。路面要求堅實、平整，御道要筆直。凡是石橋石板，都要用黃土鋪墊，經過的地方一律用清水潑街。水路坐船，南巡船隊大小船隻達 1000 多艘，舳艫相接，旌旗蔽空，乾隆皇帝的御舟稱安福艫和翔鳳艇。乾清門侍衛和御前侍衛的船行進在船隊的最前面，內閣官員的船隻隨後。御舟在船隊中間，隨行的有

盛世滋生圖，又稱姑蘇繁華圖。（部分）。清乾隆年間（1736～1795 年）徐揚繪，現藏遼寧省博物館。

后妃、王公親貴、文武官員和擔任警衛扈從的大批士兵。皇帝和后妃乘坐的御舟用縴伕 3600 名，分 6 班輪流拉縴。搬運帳篷、衣物、器具，動用了馬約 6000 匹、騾馬車 400 輛，駱駝 800 隻，征調伕役近萬人，不僅沿途地方官要進獻山珍海味，還要從全國各地運來許多食品，連飲水都是從北京玉泉山、濟南珍珠泉、鎮江金山泉等地運去的。

乾隆南巡主要也是為了閱視河工與浙江海塘。河工在康熙朝整治的基礎加

杭州西湖一景。由孤山島清代聖因寺行宮大門看西湖。

以鞏固，海塘則是在乾隆朝修築到達最高峰，乾隆在後 4 次的南巡均到海寧視察海塘。

騎鶴上揚州

從「腰纏 10 萬貫，騎鶴上揚州」這句古諺，可見揚州是多麼繁華迷人，至今仍然人文薈萃，經濟富庶。揚州地處長江北岸的大運河畔，而風俗民情，建築與文化系統均屬秀麗的江南風格，素有「綠楊城郭」之稱。清代的揚州是東南的一大都會，全國有數的繁榮城市，康、乾 12 次的下江南，揚州是必到之地。

為了迎駕，揚州官商做了充分準備。天寧寺行宮建於乾隆 21 年（1756 年），由財力雄厚的兩淮鹽商捐建做為皇上駐蹕之用，當時有「一廟五門天下少，兩廊十殿世間稀」的讚譽，寺內原有珍藏《四庫全書》的文匯閣，燬於太平天國之役。

乾隆年間，揚州自北門起，便有長堤直到蜀岡平山堂，沿途景色是「兩堤花柳全依水，一路樓台直到山」。亭閣畫舫，十里不斷，展現 24 景之多，如一幅舒展不盡的絢麗畫卷。當時人有「杭州以湖山勝，蘇州以市肆勝，揚州以園林勝，三者鼎峙，不可軒輊」之說，現仍留存的園林大小仍有 196 處，為他處所莫及。

清代的揚州繁華的另一個方面是文化。當時的蘇州、揚州均為全國的戲曲中心之一。乾隆酷愛看戲，揚州梨園演戲，以乾隆南巡時最盛；大戲的演出後期則在天寧寺行宮。

乾隆在揚州時，御膳房曾以「金鑲白玉版，紅嘴綠鸚哥」或稱「珍珠翡翠白玉膏」（油煎豆腐菠菜）進呈，皇上嚐之非常鮮美，讚美說「沒有比這個再可口」，還京後復索之不得，他感嘆：「誠如此，吾每飯不忘揚州矣！」

杭州西湖文瀾閣。在西湖清帝行宮內，為《四庫全書》江南三閣僅存的一閣，閣仿寧波天一閣形式，建於乾隆47年（1782年）。此閣《四庫全書》現移藏至浙江省圖書館。

踏勘海塘

江浙沿海為了抵禦海潮的侵襲，有了捍海塘的建設。北起江蘇省常熟縣界涇口，南到浙江省杭州市獅子口。經江蘇的常熟、太倉、上海市的寶山、川沙、南匯、奉賢、金山，浙江的平湖、海鹽、海寧到杭州，全長400公里。海塘多採用上等硬質條石砌成，塘身橫面

天下第二泉。在無錫惠山下，經唐代陸羽，評為「天下第二泉」，歷代文人學士、騷人墨客留下惠山二泉的詩作、佳作很多。1940年代無錫民間音樂家阿炳創作二胡獨奏曲《二泉映月》，如怨如慕，如泣如訴，曲調清麗高雅成為世界名曲。
康熙第1次南巡，10月過無錫，遊惠山，留有「朝遊惠山寺，閑飲惠山泉」等詩作。乾隆南巡亦曾酌二泉。

成梯形，條石間又用鐵鋦和鐵錠固定，塘身背水面再用土壅固加厚，工程非常浩大。從常熟到金山的一段，長約 250 公里，稱為江蘇海塘；從平湖到杭州的一段，長約 150 公里，即乾隆視察的浙江海塘。

當時對修築海寧一帶海塘有柴塘（即用柴土築塘）和石塘（以石塊築塘）的爭議。有人提出以石塘代原來的柴塘，可以一勞永逸；反對的人認為海寧一帶百里柴塘下皆為浮土活砂，不能更換石塊。乾隆便到塘上親試排樁 200 多斤的硪打下去，因砂散不能穩固，因此乾隆決定用柴塘。又命在柴塘內修築魚鱗石塘，將柴、石兩塘連為一體。經過數 10 年的修整，水勢漸緩。乾隆 49 年（1784 年），第 6 次南巡時塘外已擴出數 10 里的沙田沃壤。

無錫寄暢園。康、乾二帝南巡，每次均臨寄暢園。全園巧妙佈局，體現山林野趣、清幽古樸的園林藝術，並以惠山、錫山及龍光塔為借景，將遠方的自然風景收入園中，北京頤和園的諧趣園即仿建自寄暢園。

徐州閱河

康熙南巡並未到過徐州，乾隆則於第 2、3、4、6 次南巡回程時，繞道徐州視察黃河河工。

金明昌 5 年（1194 年）黃河在陽武決口，其南支在碭山以下奪汴河。明代黃河全部入汴故道。宋代所以建都開封所遷就的汴水從此消失。今天徐州以西的廢黃河就是古汴水。

明代將黃河北流的一支河道和徐州以西黃河南侵入淮的河道全部堵塞，所

有黃河之水在徐州城東北角會合北來的泗水，水量劇增，折而南下，漩猛流急，明以後徐州城的東南部最易決口。史載徐州黃河氾濫過200餘次。

乾隆到徐州面對數月不退的洪水，非常憂愁，因而十分重視徐州附近黃河的築堤防汛工程，徐州石堤上下共用石17層，長40公里，工程浩大壯觀，從乾隆閱河後到黃河改道前的近百年間，徐州附近黃河沒有出現大的決口，小的潰決也只有幾次。可以說，乾隆的閱河起了很大的作用。

元、明兩代京杭大運河經過徐州，是沿用從今淮安市清河區到徐州的黃河河道，到徐州運河再溯泗水北上。明萬曆年間開鑿泇河運河，即從夏鎮李家口引水會泇河和沂河，南下到邳州（今運河鎮）直河口入黃河，這就是中運河的前身，也就是後來清代漕運經過的河道。大運河遂不經徐州，徐州因而衰落，近世京滬、隴海鐵路交會於徐州，徐州重新成為中國東部的交通樞紐。

乾隆到徐州時駐蹕於雲龍山行宮。行宮的範圍頗大，殿閣幾十間，房屋依地形的起伏而建，鱗次櫛比，氣勢雄偉，如今只剩下徐州市博物館的大殿了。

蘇北灌溉總渠——人工開鑿淮河新水道

在黃河南下奪淮期間（1194～ 1855年，凡661年），淮河出路不明，經常氾濫成災。

淮河河水每有上漲，先鬱於洪澤湖，再憤而脹滿高寶湖，又再直湧入大運河。明代以前河湖相通。為了確保漕運安全，運河的東堤就越築越高，形成疊卵之勢。即使這樣，東堤仍然經不住洪水沖擊，常常決口，運河以東到黃海之濱的廣大地區，地勢低窪，史稱「裡下河地區」則氾濫成災。康熙19年（1680

嘉興烟雨樓。在南湖湖心島上，乾隆 6 下江南，8 到烟雨樓。承德避暑山莊烟雨樓即仿建自嘉興。

年）清廷在高郵城以南抵擋高寶湖湖水的運河東堤上，先後修築了「歸海五壩」，即南關壩、新壩、五里壩、車羅壩與邵伯湖的昭關壩（此 5 壩與高家堰仁、義、禮、智、信 5 壩在運河西岸有別）。

每當洪水暴漲，威脅運河堤防時，就開壩洩洪，讓洪水流入裡下河地區東流的河道，注入黃海。但因入海河道迂迴曲折、狹窄淺澀，加上河口被泥沙壅積，所以名曰「放水歸海」，實際上是「歸

嘉興烟雨樓的乾隆御碑亭

鎮江金山寺。金山寺以《白蛇傳》故事有名。清代在此建南巡行宮，寺內原有珍藏《四庫全書》的文宗閣。承德避暑山莊湖區即仿金山寺建主景。

田」，任其漫流，淹沒了裡下可地區的大片土地和莊稼，當地百姓不是溺斃，就是流離失所。

從明代起利用洪澤湖蓄淮河來水，以沖刷河床泥沙，康熙、乾隆時代尚能有效執行此一政策，嘉慶以後，吏治腐敗，河臣貪污，河工廢弛，經常黃強淮弱，黃水倒灌入湖，湖底和淮河東流故道逐漸為黃河淤高。1851 年（咸豐元年）淮河被迫南下改經裡運河入長江。

中華人民共和國成立後，開挖蘇北灌溉總渠，淮河水流才回到故道附近，經洪澤湖斜貫淮安市楚州區南，向東北方向行走，流入黃海，從此解除了淮河氾濫，危害裡運河及裡下河區之水患。

疏濬河道　淮河重流入海

八百年前黃河奪淮　影響排洪　水旱頻繁　治淮防洪現今標準可達百年一遇

中國時報記者周野／台北報導：800年前被黃河南侵奪去入海口的淮河，從2003年6月28日起通過自己的專用水道，終於再次重新直接東流入海。

據新華社報導，2003年6月28日11時，剛剛竣工的淮河入海水道濱海樞紐站的水閘徐徐開起，滾滾淮河水沖出閘門，奔騰向東注入黃海。至此，經過4年半的建設，總投資41億1700萬人民幣的淮河入海水道近期工程全線通水。

據江蘇省水利廳廳長呂振霖介紹，淮河入海水道西起洪澤湖二河閘，東至濱海縣扁擔港，全長163.5公里，南北堤距750公尺。這條新挖的水道通水後，淮河可抵禦百年一遇的特大洪水，流域內1億6500萬居民將受益。

發源於河南桐柏山的淮河是中國7大河之一，向東流經河南、湖北、安徽、山東、江蘇5省，全長1000公里，流域面積27萬平方公里。在宋代以前，淮河流域就因富庶繁華而聞名，自古就有「走千走萬，不如淮河兩岸」的美譽。

淮河本是獨流入海的河流。南宋紹熙五年（1194年），黃河在河南陽武（今原陽縣）決堤，由徐州東南流經淮陰以北與淮河合流入海，並將淮河淤成「地上河」。由此直到19世紀中葉，黃河南侵奪淮700多年，淤塞了淮河中下游排水河道，淮河因此失去入海尾閭，水旱災害日益加劇。清咸豐元年（1851年），淮河水大漲，衝破洪澤湖大壩，從京杭大運河進長江然後入海。從此，進江入海成為淮河洩洪的主要方式。

失去入海通道被專家認為是淮河成為中國災害最頻繁的河流的原因之一。淮河入海水道工程建設顧問沈之毅說，淮河洪水主要出路是經中下游結合部的洪澤湖入長江，但這條通道排洪能力不足，歷史上入江水道左堤就曾多次潰決，造成江蘇省部分地區大面積毀滅性災害。

1999年，淮河入海水道工程正式開工。

新水道在廢黃河故道以南約10公里，與上一個世紀50年代初開挖的蘇北灌溉總渠並行，中途分別在江蘇省淮安市楚州區境內與京杭大運河、在濱海縣境內與通榆河立體交叉。

重要參考資料

明・潘季馴：《河防一覽》。清・高晉：《南巡盛典》。

《康熙起居注》第一歷史檔案館。

萬依、王樹卿、陸燕貞：《清代宮廷生活》香港商務印書館，1985 年。

鄧毓崑、李銀德主編：《徐州史話》江蘇古籍出版社，1990 年。

鞠繼武、潘鳳英：《京杭運河巡禮》上海教育出版社，1985 年。

《中國古運河》讀者文摘遠東有限公司，1990 年。

白新良主編：《康熙皇帝全傳》學苑出版社，1994 年。

趙雲田等：《乾隆皇帝全傳》學苑出版社，1994 年。

孟昭信：《康熙大帝全傳》，吉林文史出版社，1987 年。

趙明：《揚州大觀》黃山書社，1993 年。

陳捷先老師：《明清史》台北，三民書局，1990 年。

蔡泰彬：《明代漕河之整理與管理》臺灣商務印書館，1992 年。

吳建華：〈南巡紀程〉《清史研究通訊》1990 年 1 期。

徐凱等：〈乾隆南巡與治河〉《北京大學學報》1990 年 6 期。

張華等：〈乾隆南巡與浙西海塘〉《南京大學學報》1989 年 4 期。

朱宗廟：〈乾隆南巡與揚州〉《揚州師院學報》1989 年 4 期。

王俊義等：〈康熙和乾隆為何皆六下江南〉《文史知識》1985 年 8 期。

中國旅遊指南編委會：《無錫》，北京，中華書局，2000 年。

王恢：《中國歷史地理》，台灣學生書局，1976 年。

周野：〈疏濬河道，淮河重流入海〉《中國時報》2003 年 6 月 29 日。

本文原載《牛頓雜誌》162 期，1996 年 11 月號。2005 年 8 月增新資料，2007 年 12 月又根據新資料增訂。

梁思成與林徽音

錦繡中華古建築，
長青人間四月天

《人間四月天》電視劇轟動兩岸，劇中的男女主角梁思成與林徽音賢伉儷是中國建築史研究的開山宗師，抗戰前後兩位大師以科學方法勘察、拍照、測繪中國各地的古建築，注釋宋代李誡所撰科學名著《營造法式》，1950 年並設計中華人民共和國國徽。

1934 年梁思成與林徽音賢伉儷考察山西民居時合影（資料照片）

婚前的梁思成

梁思成，廣東新會人，為梁啟超的次子。梁啟超一家在戊戌政變後流亡到日本，啟超為清廷所通緝，清光緒 27 年（1901 年）4 月 20 日，思成出生於日本東京。1906～ 1912 年，思成在橫濱大同學校幼稚園、神戶同文小學初小就學。

民國元年（1912 年），孫中山建立中華民國，清室退位，改朝換代，思成隨父梁啟超、母李蕙仙返國，到民國 4 年（1915 年）期間就讀於北京匯文學校及崇德學校高小，隨後入清華學校就讀。民國 12 年（1923 年），思成正準備畢業考試，並在做赴美國留學的準備。5 月 7 日與異母弟梁思永乘一輛汽車到天安門廣場參加北京學生舉行的國恥日紀念活動，車到南長街口，被軍閥金永炎的汽車撞傷。思成左腿骨折、脊椎受傷，終生留下殘疾，思永則面部受傷，滿臉是血。附帶一提的是，思永（1904～1954 年）出生於澳門，為中國著名的考古學家，1930 年畢業於美國哈佛大學。回國後在南京政府中央研究院歷史語言研究所考古組工作，曾多次參加安陽小屯、侯家莊及山東歷城縣（今章丘縣）龍山鎮城子崖的發掘。終因工作過度，於 1954 年病逝，享年 50 歲。

與林徽音初識

民國 7 年（1918 年），思成結識林徽音，時思成 17 歲，剛剛進入清華學堂；徽音 14 歲，在英國教會辦的培華女中讀書。民國 10 年（1921 年），徽音留學英國 1 年半後，隨父林長民返國。思成與徽音的來往更多了，林長民與梁啟超都有意結為兒女親家。

民國 13 年（1924 年）6 月，思成與徽音到了美國賓州大學，思成在建築系學習，徽音進美術系，但選修建築課程。9 月，思成母親李蕙仙因癌症病逝，思成與徽音也訂了親。梁思成在賓州大學學習期間，看到歐洲各國對本國的古建築已有系統的整理和研究並寫出本國的建築史，而日本學術界，如大村西崖、常盤大定、關野貞都對中國建築藝術有一定的研究，唯獨中國卻沒有自

宋・李誡：《營造法式》書影。《營造法式》為中國古代 8 大科學名著之一。梁思成旁徵博引，親自考察、測繪，並訪問清宮古建築老工匠，完成注釋《營造法式》的亙古未有的工作。梁思成與林徽音均極景仰與推崇李誡，因此將兩人的愛子取名從誡。梁從誡教授，目前居住在北京，從事環保運動，為自然之友組織的會長。

己的建築史。

民國 14 年（1925 年），梁啟超寄了 1 本重新出版的古籍「陶湘本」《營造法式》，思成從書的序言及目錄上知道這是 1 本北宋官訂的建築設計與施工的專書，為著名的建築師李誡（字明仲）所撰，是中國古籍中少有的 1 部建築技術專書。但是在一陣驚喜之後，又帶來了莫名的失望和苦惱，原來這部精美的鉅著竟如天書一般無法看懂。思成認為既然在北宋（960～1125 年）就有這樣系統完整的建築技術方面的鉅著，可見中國建築發展到宋代已經很成熟了，思成因此自覺要更加強研究中國建築史及《營造法式》一書。

思成在留學時代就曾寫信給其父梁啟超，說要寫成一部《中國宮室史》，梁啟超鼓勵思成說：「這誠然是一件大事。」

婚前的林徽音

林徽因（音）於清光緒 30 年（1904 年）出生在浙江杭州陸官巷住宅，祖籍為福建閩侯。祖父林孝恂曾參加孫中山的革命運動，徽音的堂叔林覺民、林尹民均為黃花崗革命烈士。父親林長民曾留學日本，早稻田大學畢業，學習政治、法律，回國後任福州法政學堂校長。母親何雪媛為林長民之側室。宣統 3 年（1911 年），武昌起義後，林長民到上海、南京、北京等地宣傳辛亥革命。

獨樂寺觀音閣內十一頭觀音塑像。（遼代）

民國元年 1 月，孫中山在南京組織中華民國臨時政府，林長民為臨時參議員秘書長，並在上海組織「共和建設討論會」，擁梁啟超為領袖。時林徽音 8 歲，在上海隨祖父居住，並讀小學 2 年級。

民國 3 年（1914 年），林長民任北京政府國務院參事，舉家遷往北京，祖父林孝恂因膽石病病逝。民國 5 年（1916 年）林徽音 12 歲，入英國教會辦的培華女子中學讀書。

民國 9 年（1920 年），林長民以國際聯盟中國協會成員名義赴歐遊歷，徽音 16 歲，亦隨父行，到英國唸中學，徽音並隨父遊歷巴黎、日內瓦、羅馬、法蘭克福、柏林、布魯塞爾等地，並以優異成績考入倫敦聖瑪利學院(St. Mary's College)。林徽音是年在英國與徐志摩相識。民國 10 年（1921 年），林氏父女返國，徽音仍進北京培華女中讀書。次年，徽音與梁思成交往開始密切，兩人產生了感情。再次年，林長民、林徽音、梁思成均參加胡適、徐志摩創辦的新月社，徽音在培華女中畢業，並考取半官費留學。

民國 13 年（1924 年），徽音 20 歲，印度詩哲泰戈爾應林長民、梁啟超的邀請來華訪問，4 月 23 日到北京，在天壇草坪演講，由林徽音攙扶上台，徐志摩擔任翻譯。吳詠：《天壇史話》記載：「林小姐人豔如花，和老詩人挾臂而行，加上長袍白面，郊荒島瘦的徐志摩，有如蒼松、竹、梅的一幅三友圖。」

獨樂寺匾額及斗栱。

5月8日，新月社同仁在北京協和大禮堂舉辦慶祝泰戈爾 64 歲生日。由林徽音主演泰戈爾的著名抒情詩劇《齊德拉》，梁思成擔任布景，張彭春任導演，用英語演出。劇中林徽音飾公主齊德拉，張歆海飾王子阿朱那，徐志摩飾愛神瑪達那，林長民飾春神伐森塔。《晨報》報導演出盛況有「父女合演，空前美談」、「林女士態度音吐，並極佳妙。」熟識林徽音的胡適曾稱譽她為才女。

6 月，林徽音、梁思成、梁思永同往美國留學，先到綺色佳康乃爾大學，2 個月後再同往賓州大學就讀。次年初，徽音與聞一多在美國參加「中華戲劇改進社」。此時林長民受聘於駐京奉軍郭松齡任幕僚長，郭謀反張作霖自立未遂，於 12 月 24 日在瀋陽附近遇伏，長民為流彈擊中死亡，時年 49 歲。

民國 16 年（1927 年），徽音 23 歲，獲賓大學士學位，轉入耶魯大學戲劇學院，學習舞台美術半年。

新婚

民國 17 年（1928 年）3 月，梁思成與林徽音在加拿大渥太華結婚，梁之姐夫周希哲係當時駐加總領事，婚禮在中國駐加拿大總領事館中舉行，婚後夫婦同赴歐洲參觀古建築，取道西伯利亞，8 月 18 日返回北京。9 月，東北大學兼校長張學良聘梁思成、林徽音為建築系主任、教授。

遼・獨樂寺觀音閣。在河北省薊縣（今隸天津市），為梁思成首次發現年代最為久遠（當時）的木造古建築。建於遼統和 2 年（984 年），位於唐山市附近，歷史上經 28 次大地震，仍巍然屹立。結構勻稱、科學，為中國現存最古老的木結構高層樓閣。

遼・佛宮寺木塔。在山西省應縣，建於遼清寧 2 年（1056 年），總高 67.13 公尺，底層直徑 30 公尺，平面呈等邊 8 角形。為全世界現存最早、最高大的木結構塔式建築。

應縣木塔局部外觀。

民國 18 年（1929 年），梁啟超死於醫療事故，終年 57 歲。是年，林徽音在北京協和醫院生下女兒梁再冰。次年，林徽音在北平香山雙清別墅養病，創作了大量的新詩，從 3 月到 9 月，分別在《新月》、《詩刊》、《北斗》等刊物發表詩〈那一晚〉、〈誰愛這不息的變幻〉、〈仍然〉、〈一首桃花〉、〈山中一個夏夜〉、〈笑〉、〈深夜裡聽到樂聲〉、〈情願〉及短篇小說《窘》。

加入中國營造學社

民國 18 年（1929 年），朱啟鈐在北京成立中國營造學社，開始時設在其寓所，後遷至中山公園（前明清時代的社稷壇），開創之時只有數人。民國 20 年（1931 年），朱啟鈐先後請梁思成、林徽音、劉敦楨 3 位教授參加學社

應縣木塔第二層內部斗栱。

應縣木塔外簷斗栱。

瀋陽清太宗昭陵（北陵）。

工作，因此思成與徽音一起辭東北大學教職。至此，中國營造學社組織結構趨於完善，共分兩個業務組：一為法式組，由梁思成教授主其事；一為文獻組，由劉敦楨教授主其事。雖分兩組，業務研討合作融洽。

學社在致力文獻蒐集和古建築技術工藝研究方面，梁思成指示訪問老技工師傅，並訪問明清製作宮殿、庭園燙樣的樣式雷後裔，探訪古建築工藝，遍及各工種，如瓦、木、扎、石、土、油漆、彩畫、裱糊。從眾多老工匠，口述明清時代的工藝，大都可以上接宋、元而知其沿革，對北宋時代李誡編撰的《營造法式》傳統流傳，雖詞彙有別，可知其淵源有自。

是年 11 月 19 日，林徽音在協和小禮堂為駐華使節以英文演講〈中國建築藝術〉，徐志摩為了聽林徽音這場學術報告，早晨由南京搭飛機趕回北京，飛機因雨霧在濟南附近黨家莊撞山，徐志摩身亡。

華北古建築考察的開始

民國21年（1932年）春，思成發現河北省薊縣獨樂寺為遼代建築，碩大的斗栱完全和清故宮的結構不同。清式做法柱與柱徑有一定的比例，觀音閣及山門的柱高不隨徑變，柱頭削成圓形，柱身微側內向，這是明清所未見的，這是當時中國所發現的最古的一組木構建築，因此撰〈薊縣獨樂寺觀音閣山門考〉載《中國營造學社匯刊》3卷2期。6月調查河北寶坻縣廣濟寺遼代的三大士殿（此殿毀於抗日戰爭）。

同年夏天，梁思成與林徽音同去北平西郊臥佛寺、八大處等地考察古建築，兩人合撰的考察報告〈平郊建築雜錄〉，發表於該年刊的《中國營造學社匯刊》3卷4期。是年7月至10月，徽音發表〈蓮燈〉、〈別丟掉〉、〈雨後天〉等詩作。8月，徽音生子，思成景仰宋代建築師李誡，取子名為從誡。是年也結識美國學人費正清(John Fairbank)與費慰梅(Wilma Fairbank)夫婦。

民國22年至25年（1933～1936年），思成與徽音考察山西大同雲岡石窟，並陪同費正清夫婦到山西汾陽、洪洞等地考察古建築。中國營造學社出版梁思成的《清式營造則例》一書，林徽音寫了該書第1章〈緒論〉。《中國營造學社匯刊》5卷3期也刊出思成與徽音合著之《晉汾古建築預查紀略》。

此期間，林徽音又發表大量詩作及小說，包括著名的〈你是人間4月天〉

《清式營造則例》脫稿後，思成認為對清式的研究可以暫告一段落。以科學方法透過對各地實物進行調查、測繪，為中國營造史闢1條較為可循尋的途徑。以思成與徽音為主要成員的中國營造學社考察隊，於1933～1936年在華北展開古建築調查，成果豐碩。因而有唐、宋、遼、金、元古建實物的陸續發現。主要的勘察有：

河北正定縣的隆興寺，其摩尼殿在1978年大修時，在殿的闌額及斗栱構件上多處發現墨書題記，載明它建於北宋皇佑4年（1052年），證明梁思成當年判斷其建造年代為宋代是正確的。摩尼殿為隆興寺最大、最完整的殿宇，思成根據它的外觀為重檐歇山頂，四邊加抱廈，這種布局除了故宮角樓外，只在宋畫上見到。上下兩檐下的斗栱均十分雄大，柱頭有卷殺（為對木構件輪廓

宋・隆興寺摩尼殿。在河北省正定縣。其形制特殊，為中國現存早期古代建築所僅見。梁思成發現其為宋代建築。

河北省正定縣隆興寺大悲閣。攝於 1996 年，為隆興寺的主體建築，高 33 公尺，宋太祖開寶 4 年（971 年）建，內有 42 臂，又稱千手千眼觀音的銅像，通高 20 多公尺。銅像兩側 40 手臂在清末已改為木製，僅合掌當胸的兩臂為銅質。閣在 1944 年重修時，拆毀了兩側御書樓和集慶閣。

河北省正定縣開元寺鐘樓（左）及塔。鐘樓重修於唐乾寧 5 年（898 年），仍保存唐代風格。

的一種藝術加工形式，如栱頭削成的曲線形，柱子做成梭柱，樑做成月樑），4 角的柱子比居中的要高，是《營造法式》中所謂「角柱生起」的實證，判斷為宋代建築。

在正定縣，思成也發現開元寺的鐘樓建於唐末或五代，但其上部及外檐經後代重修。

遼・下華嚴寺薄伽教藏殿。在山西省大同市。大同是遼朝的西京，華嚴寺是遼皇帝的祖廟。薄伽教藏殿內的「天宮樓閣」是中國現存最古的書櫥。

大同上華嚴寺大雄寶殿斗栱及門扇。金代建。

大同是拓跋魏的故都，及遼金兩代的陪都。營造學社先考查遼金以來的巨剎——華嚴寺與善化寺。華嚴寺內的大雄寶殿是現存遼金時期木建築體型最大的，薄伽教藏殿是在1038年建成的佛經圖書館，其內的「天宮樓閣」是中國現存最古的書櫥，在兩寺諸殿中建築年代最早。善化寺的三聖殿建於金代，其建築年代約在 1128～1143 年，兩者相距105年。

雲岡石窟在藝術史上的價值自不待言，在建築史方面也有其特殊史料價值，窟內有闕塔、柱、闌額、斗栱、屋頂、門、欄杆、踏步、藻井等，均以形象載明當時構件的形制。

大同善化寺三聖殿。金代。

應縣木塔也是中國建築史上的奇構之一，建於 1038 年（遼代），在木結構中，它在世界範圍來說也算是最高的一座，由於是8角形的平面，為內部梁尾的交叉點造成相當複雜的結構問題，但古代建築師運用了 50 多種不同的斗栱圓滿地解決了此一複雜的問題。

由應縣赴渾源考察始建於北魏的恆山懸空寺，寺內鑿崖為插懸樑基，起3層檐歇山頂殿閣2座，南北高下對峙，中隔斷崖，飛架棧道相通。身臨其境，俯瞰谷溪風貌，仰望瀑布飛濺，有如置身石壁間。

山西大同雲崗石窟。此為第 11 窟中心塔柱（左方）的四方佛。

全世界現存最早的石拱橋被梁思成發現，它是在河北省趙縣的安濟橋，梁

▲河北省趙縣安濟橋。為全世界現存最早的石拱橋，亦為中國現存最古的橋樑，為隋代李春在公元 610 年所建。僅 1 石券，跨經 38 公尺。橋之 2 端撞券部分各砌 2 小券，形成空撞券。此法歐洲遲至 14 世紀初見，李春此橋較歐洲早 800 年，近代工程至 1912 年始應用上。

▼唐・佛光寺東大殿。在山西省五台山。林徽音發現殿內樑架上題記為唐代大中 11 年（857 年）所建，找到距今 1000 多年前的唐代木造古建築是梁思成伉儷最得意的學術成就。

晉祠獻殿。

晉祠聖母殿內宋塑邑姜坐像。邑姜是姜子牙之女，周武王之妻。

宋・晉祠聖母殿。在山西省太原市、外觀華麗精巧，為現存規模較大的1座宋代建築。

思成意外發現此橋建於隋朝大業年間，由匠師李春負責建造。淨跨 37.02 公尺，跨度大而弧形平。橋拱肩敞開，大石拱上兩端各建 2 個小拱，此一設計減少水流阻力，又減輕大拱券和地腳的載重，特別是拱肩加拱的「敞肩拱」型橋，更是世界橋樑史上的首創。

民國 23 年（1934 年），梁氏夫婦第二次赴山西，邀費正清夫婦同行，此行發現太原晉祠聖母殿為宋代建築。聖母殿是一座接近正方形、重檐歇山頂的殿宇，面闊 7 間，進深 5 間，4 周有圍廊，是《營造法式》中所謂「副階周匝」形式的實例。民國 24 年（1935 年）調查蘇州宋代玄妙觀三清殿，次年考察洛陽龍門石窟，開封繁塔、鐵塔、龍亭等，泰安岱廟、咸陽唐武則天母親的順陵。

登封元代觀星台。

西安唐代小雁塔。

中國現存第二早木建築——佛光寺的發現

梁氏夫婦於盧溝橋事變的前夕，於五台山找到建於唐宣宗大中 11 年（857 年）的佛光寺大殿，這是當時所知中國存在最早的木建築，其面闊 7 寬、進深

嵩山嵩嶽寺塔。始建於北魏正光元年（520 年），為中國現存最高磚砌佛塔。塔高 40 多公尺，15 層，平面呈 12 角形，雖用青磚黃泥疊砌而成，但由於建築技術高超，經歷近 1500 年，仍然巍峨屹立。

河南省嵩山少林寺，宋·初祖庵。

河北省曲陽縣北嶽廟德寧之殿。（元代）。

山西恒山懸空寺。始建於北魏。

4 間，斗栱雄大，出檐深遠，可以看出唐代建築的氣勢，為現存唐代木構建築的代表作。現知中國最早的木建築為在五台山的南禪寺大殿，是梁氏夫婦於 1954 年發現的，建於唐德宗建中 3 年（782 年），但進、深各 3 間，規模很小。

民國 23 年至 26 年（1934～1937 年），中央研究院撥款 5000 元給營造學社，要求將故宮全部建築都測繪出來，出一本專著。此期間學社測繪了天安門、端門、午門、太和門、太和殿……計 60 餘處，但因戰爭爆發，測繪沒有完成，已測繪的圖稿也沒有全部整理出來。

七七事變爆發後，北平營造學社解散，梁思成一家從天津搭船到煙台，爾後再從濟南乘火車，經徐州、鄭州、武漢南下，是年 9 月抵長沙。11 月，日機空襲長沙，梁思成一家險些喪命，不久他們轉往昆明，莫宗江、陳明達、劉致平、劉敦楨等營造學社會員也抵達昆明，經與中美返還庚子賠款基金會連繫，組織了營造學社西南小分隊。

民國 29 年（1940 年），徽音 36 歲。冬天，營造學社隨中央研究院歷史語言研究所入川，思成一家亦西遷往四川宜賓南

懸空寺內的佛像（宋肅懿攝）。

蘇州玄妙觀三清殿。南宋時代建造，2007 年 2 月攝。

溪縣李莊鎮上壩村，後徽音肺病復發，一連幾週高燒不退，從此抱病臥床 4 年，直到抗戰勝利。

合撰《中國建築史》

民國 31 年（1942 年），梁思成接受國立編譯館委託，編寫《中國建築史》（該書於 1953 年又曾大幅修訂）。林徽音抱病閱讀二十四史，作史料準備工作，該書的第 6 章（五代、宋、遼、金部分）由林徽音撰寫，徽音並承擔了全部書稿的校補工作。

全書分為 8 章，除第 1 章緒論，就中國建築的特徵與建築史的分期，以及《營造法式》與清工部的《工程作法則例》2 部書作介紹外，其餘各章以斷代方式講述中國建築，內容以文獻、考察報告、測繪、攝影照片整齊排比，參互搜討，歸納演繹，章節分明，寫出第 1 部完整系統而形象的中國建築史。

抗戰期間，中國營造學社調整西南 36 個縣的古建築，包括漢闕、漢崖墓、

北京北海公園，西天梵境山門。又稱大西天。大西天為明代的一組建築。

摩崖石刻等，而思成也致力於《營造法式》的研究，完成《營造法式》大部分圖解工作，也出版了英文版的《圖像中國建築史》。

抗戰勝利後至 1972 年，思成一直擔任清華大學建築系主任。民國 37 年（1948 年）9 月，思成當選南京政府中央研究院院士。

1949 年 1 月，北平易幟，2 月，中共中央邀請梁思成與林徽音等編印《全國重要文物建築簡目》。7 月，政協籌委會把中華人民共和國國徽設計任務交給清華大學和中央美術學院競圖，結果以梁思成與林徽音參加的清華小組中選。

1952 年，梁思成與林徽音被任命為人民英雄紀念碑建築委員會委員，完成了須彌座的圖案設計。又應《新觀察》雜誌之約，撰寫了〈中山堂〉、〈北海公園〉、〈天壇〉、〈頤和園〉、〈雍和宮〉、〈故宮〉等一組介紹中國古建築的文章。

反對拆除北京城牆

1950 年，中共中央決定拆除北京大城城牆和城門樓，拆城牆的理由是城牆為封建帝王的遺跡，現已失去了功用，而且它們阻礙交通，並限制或阻礙城

北京天壇圜丘

市的發展，拆後可取得許多的磚頭，可以取得地皮，可用於建造房屋或利用為公路。

梁思成針對此點提出了一個建議，主張城牆和門樓應該保留來為人民的健康與娛樂服務。他指出，城牆上面平均寬度約 10 公尺以上，可以砌花池，栽植丁香，種植草花，再安放些園椅，可以成為公園，城樓、角樓可以闢為陳列館，成為環城立體公園，是全世界獨一無二的。

山西省太原天龍山石窟。（部分）。自東魏至唐，歷魏、齊、隋、唐在此開鑿石窟。以唐代最多，達 15 窟。

但 1950～1962 年，北京明清大城城牆全長 34 公里被拆得剩內城部分崇文門迤東 500 公尺，外城部分西便門附近 190 公尺。文革期間又拆城門，連角樓、門樓、箭樓在內約 40 個城門樓，今僅存 5 個。

1955 年 4 月 1 日，林徽音終抵不過病情的糾纏，病逝於北京同仁醫

清・北京故宮太和殿。在北京市。梁思成在各地心存念念屋頂海黃的紫禁城，他也曾測繪過大部分的北京故宮。梁氏夫婦合著的《清式營造則例》即以北京故宮為實物藍本。

北京故宮太和門（前）與太和殿（後）。

北京故宮東六宮後殿1景。

院，享年51歲。

1955年6月，思成任中國科學院技術科學部委員（現改稱為院士）。1962年，思成與林洙女士結婚，林女士溫文嫻淑，思成晚年的生活多由林女士照顧，尤其在文革期間，林女士與思成共同渡過艱困的時光，誠是感人。1966年6月思成完成了《營造法式注釋》的寫作。思成在文化大革命期間受盡迫害，1972年1月9日病逝於北京，享年71歲。思成與徽音的學術遺作多由林洙女士編輯出版，林徽音的文學遺作多由其子梁從誡教授整理出版。

民族文化生命的永光

梁思成與林徽音是兩位傑出的中國建築史家、啟蒙大師，而林徽音在文學創作方面如白話詩、散文、小說、話劇、文學評論也有卓越的成就。現今全世界對中國建築史的研究，多係在這兩位大師的考察、測繪、攝影，以及所撰的專著、論文的基礎上進行的。

兩位大師一生奉獻學術文化，鞠躬盡瘁，即使在戰時與物質條件極差的時

人民英雄紀念碑，在北京市天安門廣場。

北京市頤和園。全園由萬壽山、昆明湖組成。占地290公頃，計有各種形式的宮殿園林建築3000餘間。園中山青水綠，閣聳廊廻，金碧輝映，在中外園林藝術史上有極高的地位。

候，加上病痛，也不改兩位大師對學術的執著。將原來陌生的文化瑰寶——中國古建築，發現、研究並發揚光大，為民族文化的綿延做了最偉大的貢獻，兩位大師的研究堪稱是「中國民族文化生命的永光」。

重要參考資料

宋・李誡：《營造法式》。清工部《工程做法則例》。

林洙：《建築師梁思成》，天津，科學技術出版社，1996 年。

《中國營造學社史略》，台北，建築與文化出版社，1997 年。

梁思成：《中國建築史》（2005 年）、《中國雕塑史》（1997 年）、《凝動的音樂》（1998 年），天津，百花文藝出版社。

《梁思成文集》，北京，中國建築工業出版社，1986 年。

美國・費慰梅著、成寒譯：《梁思成與林徽音——一對探索中國建築史的伴侶》，台北，時報文化出版公司，2000 年。

林杉：《林徽音傳》，台北，世界書局，1993 年。

單士元：〈紀念梁思成先生誕辰 85 周年往事追憶〉、鄭孝燮：〈緬懷梁思成教授的業績〉、羅哲文〈難忘的記憶，深切的懷念〉、蕭默：〈梁思成與敦煌〉以上 4 篇專文，載《古建園林技術》1986 年 3 期（總 12 期）。

梁從誡：〈倏忽人間 4 月天〉，載《林徽音文集》，天下遠見出版公司，2000 年。

梁從誡口述、張作錦訪問整理：〈我的母親林徽音〉，載台北，《聯合報》2000 年 2 月 11 日。

陳明達：〈中國營造學社〉、樓慶西：〈梁思成〉以上兩條文，載《中國大百科全書・建築、園林、城市規劃冊》，1988 年。

陳鍾英、陳宇：〈林徽音年表〉，收入《林徽音—中國現代作家選集》叢書，香港三聯書店，1992 年。

本文原載《牛頓雜誌》204 期，2000 年 5 月號。2005 年 8 月增訂，2007 年 12 月又增訂。本文所附照片大體以中國營造學社考察過的古建築項目，而到實地重新拍攝。

科學家的智慧

——圖說中國科技史名人事蹟

撰文·攝影者：謝敏聰　個人 E-mail：s7278ss@yahoo.com.tw
責任編輯：謝敏聰
責任校對：謝敏聰
責任印務：謝敏聰
出 版 者：臺灣學生書局有限公司
發 行 人：盧保宏
發 行 所：臺灣學生書局有限公司
　　　　　臺北市和平東路一段一九八號
　　　　　郵政劃撥帳號：00024668
電　　話：（02）23634156
傳　　真：（02）23636334
　　　　　E-mail：student.book@msa.hinet.net
　　　　　http://www.studentbooks.com.tw
登 記 證：局版北市業字第玖捌壹號
印 刷 所：辰皓國際出版製作有限公司
　　　　　臺北縣中和市中正路九五一號五樓
電　　話：（02）32342999
傳　　真：（02）32343053

定價：平裝新臺幣 450 元
2007 年 12 月初版

ISBN: 978-957-15-1388-1